U0066810

文經家庭文庫 204

孕媽咪關鍵66問

林口長庚紀念醫院婦產部主治醫師 王子豪 著

COSMAX
PUBLISHING Co.
Since 1981

Taiwan

推薦序 1

內舉不避親

我非常高興看到這本《孕媽咪關鍵66問》的即將出版，因為在詳細閱讀這本書的內容之後，我相信它不但有益於孕婦，也可以幫助婦產科醫師省下許多臨床門診時間。

我本身也是婦產科醫師。雖然專業領域中，我的業務主要偏向於「不孕症」和「輔助生殖科技（ART）」，但是當婦女克服了不孕症的問題，而能懷孕、準備分娩，我也必須從事「產前檢查」和「接生」的臨床業務。在產前檢查中，最重要、也是最花時間的，就是詳細回答孕婦的各種問題，例如：懷孕可能產生的各種生理與心理變化、孕婦可能遭遇的不適、一些產科常見的合併症等等，而本書就是針對這樣的孕婦需求而編寫的。

王子豪教授在每日的產科臨床業務中，與孕婦、產婦的直接接觸，而體會到這些問題的普遍性，整理出66項最常被問到的問題，一項一項做詳細說明，是準媽媽們最需要的重要參考書籍。

本書並根據發生時間的先後，分成六大部份：「懷孕前的準備」、「我真的懷孕了？」、「懷孕期的變化與保養」、「產前檢查」、「懷孕期間的異常症狀」、「分娩前後的大小事情」。這樣依照發展時間的編排，不但孕婦讀起來容易心領神會，對於懷孕期遇到問題時，也便於查詢。

尤其難能可貴的是，書中提供的一些資訊，有些似乎是常識，但連專科醫師也不容易知道：「這些是否真正有研究資料支持？」例如：孕婦可以喝咖啡、喝茶嗎？有關於搭乘飛機旅遊等等，就是常見例子。本書作者針對這些問題，都查詢相關研究資料，再整理出淺顯易懂的結論。

孕婦在閱讀了這本書之後，對懷孕和分娩就能夠有相當高水準的正確知識，可以將產前檢查中省下寶貴的門診時間，用來諮詢您的產科醫師：有關於您個人的特殊情況或需求。簡言之，這本實用的書，可以當作每個家庭的「傳家之寶」，不但準媽媽、準爸爸應該詳加研讀，將來還可以傳給女兒或媳婦，全家受益無窮。倘若有朋友或是同事遇到懷孕的一些問題，本書讀者還可以指導她人，使所有的婦女朋友都能受益。

古有明訓：「內舉不避親」。最後，我非常榮幸能夠推薦這本書，因為這本書的作者——王子豪教授是我同父同母的親弟弟。

長庚大學臨床醫學研究所所長
林口長庚紀念醫院婦產部教授暨主治醫師 王馨世

推薦序2

擁有快樂的懷孕生活

本書文稿承蒙王子豪醫師、柳素真護理師邀請撰寫，對於民眾於懷孕及產後調理過程中的疑問，提出較符合現代社會生活習慣的中醫觀點，期望能給孕媽咪們提供參考。

王子豪醫師為林口長庚婦產科主治醫師，不僅在臨床工作時對待病人親切仔細，對於教學、研究、提攜後進更是不遺餘力；柳素真護理師為林口長庚婦產科專科護理師，長期耕耘產後調理及母乳哺育衛教領域，為資深專業的護理師。相信本書的出版會讓孕媽咪們獲得疑問的解答，擁有快樂的懷孕及產後生活！

台北長庚紀念醫院中醫婦科主治醫師 廖芳儀

自序

獻給優雅的孕媽咪

在醫院裡，唯一有喜氣的科別大概只有婦產科。想像自己如果是一個病人，在平安地出院時，心裡一定會懷著感激，除了感激家人的扶持與朋友的關懷，也感激醫護人員之照顧，但免不了那個心情是「逃過一劫」的慶幸，大概談不上喜慶歡樂。相反的，抱著一個新生的寶寶從產科出院的時候，絕大多數的父母都是喜氣洋洋，迎接這一位家庭的新成員。婦產科就是有幸可以分享這個喜氣的醫事專科。

但是，產科醫師也是大家公認的辛苦「血汗醫師」：「病人流血、醫師流汗」。因為任何時間產婦都可能住院待產，所以產科醫師的手機是24小時都必須開機，晚上睡覺也要放在隨手可得的地方。儘管很累，每當接生的時候，在新生兒處理台上將寶寶擦乾、吸除口鼻腔的殘餘羊水、確認新生兒呼吸、心跳、膚色、活動力都很好之後，那種迎接新生命的喜悅，是每一位產科醫師最大的回報。但是這種二十四小時待機的壓力，常常是外人所不容易了解的。

有一個晚上，我在校閱了博士班學生的論文稿之後，好不容易可以上床睡覺。手機響了，遠方傳來一位護士小姐急迫的聲音：「王醫師，準備接new pat！」在醫院裡面，new pat是代表新住院病人。我心中納悶著，但只來得及問她：

「請問妳是哪個單位？」那位護士小姐簡短的回答：「檢傷分類。」電話就掛斷了。我看一下床邊的鬧鐘，12點59分。再看一下手機的來電號碼，是來自很陌生的長庚醫療單位。回撥手機過去，對方回答：「急診。」我先表明我是林口長庚醫院的婦產科醫師，請問妳是哪一個地方的急診，對方笑了出來：「是打錯電話了，我們是雲林長庚分院。」被那一個電話一吵，我心知道：要再躺一陣子才能入睡了。

在門診的產前檢查，也常常有許多趣聞。有一位孕媽咪在第二次產前檢查完，從她的大包包像變魔術一樣，拿出來六、七個大大小小的藥罐，要我一樣一樣來確認她可不可以吃。也有些孕媽咪則拿出寫得密密麻麻的紙條，逐條逐項的問。看到她們那麼認真的精神，我怎麼能不好好回答呢？但是大概35位病患就會把早上的門診，拖到中午一點多才能結束。所以我心裡常想：應該把孕媽咪、產婦常會碰到的問題匯集起來，一一回答，結集成冊。

本書的目的，並不是要取代常規的產前檢查，也不是提供完整的醫學教育課程；而是針對筆者常被問到的問題，透過一些真實的有趣例子，做一個淺顯易懂的說明。所以在本書中，我不會詳述深奧的學理來困擾孕媽咪；那些疾病機制留給產科醫師去操心吧。在文章中以「研究資料顯示……」呈現的資料，表示是我已經查證過專業期刊論文，有科學資料支持的數據。

這樣的資訊應該能夠幫助所有的孕媽咪與家屬，也可以節省許多門診時間。如果讀者對某些醫療主題，想要有進一步的了解，可以參考《周產期醫學會》出版的《孕媽咪百科全書》（嬰兒母親雜誌社出版）。坊間也有許多內容豐富、懷孕百科式的書籍，以條例、表格方式，鉅細靡遺列出種種醫學知識。當然，每位孕媽咪會有自己特殊的醫療需求，則要與妳的產科醫師充分的溝通與配合。

除了提供孕媽咪、產婦常見問題的回答以外，透過這一本書，筆者也希望能鼓勵每位孕媽咪能夠健康的懷孕、優雅的分娩。我所謂的「優雅」是指：精確、有效率、似乎毫不費力的執行原本相當困難的行為，所以能夠贏得旁觀者的讚賞、佩服。我也希望：在一些孕媽咪、產婦真實的故事中，男性讀者也能夠了解女性生命中，這一段微妙、敏感、勇敢、甚至壯烈的關鍵時期，進而加以支持、協助。我希望這本書提供的不只是醫學常識，而另有一些值得體會的人文故事。

「懷孕」與「分娩」是女性的生理過程。雖然我在產科學授課中，常用一張 15 世紀歐洲古籍中描繪胎位的圖畫來告訴醫學生：「產科是一門古老的學問」。但是我永遠記得，南台灣的岡山曾經有位 75 歲高齡仍然執業的婦產科醫師，他用「撿囝子」（台語）這個字眼來描述「接生」。很明白的顯示，即使沒有產科醫師，大多數小孩子也會自己分娩出來的。這樣的觀念也強調：孕媽咪才是主角、是一位參加比賽的選手，產科醫師只是一位教練兼啦啦隊員。這本書裡面所有的故事都是真實發生的，所以我要感謝：所有信賴我的孕媽咪，感謝妳，讓我參與妳的生命中這麼一段關鍵時期。

這本書中有兩部分的內容，我特別邀請經驗豐富的專家來執筆。「成功的哺餵母乳」部份由柳素真專科護理師講解；「中醫調理」部分，則請婦兒專科的廖芳儀中醫師撰寫。我在照顧產婦時常發現，子宮收縮與會陰的傷口大多是沒有什麼問題，最需要指導與幫忙的部份，就只是如何成功的哺餵母乳。

柳素真專科護理師幫助產婦成功的哺餵母乳已有多年的經驗，她也有衛教的部落格提供教學短篇與孕媽咪的分享成功經驗（http://tw.myblog.yahoo.com/susan50111-willow），所以我尊稱她為「擠奶皇后」。本書的這個部份能夠邀請她分享實戰經驗，相信可以幫助許多產婦成功的哺餵母乳。「中醫調理」在產後坐月子中被普遍歡迎，能夠由專門服務孕媽咪、產婦的中醫師——廖芳儀醫師來傳授這個部分的知識，更增加這本書的實用性。

我也要感謝長庚紀念醫院林口醫學中心婦產部歷年來的三位產科主任：張舜智醫師、趙安祥醫師、鄭博仁醫師，她們對我有益師益友的情誼，我永遠銘記在心。

謹將本書獻給兩位優雅的女士：我的媽媽，從她的身教與言教，我可以想像她一定是一位優雅的產婦；我的太太，她是我親自接生的第一位優雅產婦。我也希望，兩位女兒會喜歡閱讀本書裡的一些真實故事，雖然有些故事可能她們已經聽我講過。看到我從行醫中獲得的許多樂趣，她們也選擇了醫學當作終身的行業：恬恬是小兒科醫師，蜜蜜是婦產科醫師。

王子豪

目次
contents

Part 1 懷孕前到懷孕

Part 2 懷孕期的變化與保養

Part 3 關於「產前相關檢查」

Part 4 懷孕期間的異常症狀

Part 5 分娩前後的大小事

Part 1

懷孕前到懷孕

1 我需要做「懷孕前諮詢」嗎？

「孕前諮詢門診」是必要的，在「孕前諮詢門診」中，你的產科醫師會詢問你的「家族疾病史」、「個人健康疾病史」、「免疫抗體」情況與「疫苗接種」

越來越多的新時代女性，會選擇跟她的另一半在懷孕前，一起到婦產科門診要求做「懷孕前健康檢查」。這樣的「孕前諮詢門診」有必要嗎？包括那些項目呢？有些夫妻會利用這個「孕前諮詢門診」詢問如何增加懷孕機率。

曾有另外一位產婦的故事，也代表著另類的新時代模式。這位產婦很辛苦的順利分娩完，在生產台上就問我：「明天我可以請假外出嗎？」我心裏納悶著，但還是回答她：「如果你體力恢復的好，行動上並沒有什麼禁忌。」當時我不好意思追問：「到底有什麼急事，必須這麼急著去做？」隔天去查房的時候，產婦果然請假外出了，負責該病房的護士同仁告訴我：她出外去辦結婚手續了。

「孕前諮詢門診」的項目

「孕前諮詢門診」是必要的，它可以確認患者的遺傳模式，你的產科醫師會詢問你的「家族疾病史」、「個人健康疾病史」、「免疫抗體」與「疫苗接種」。

1.「**家族疾病史**」：主要有「地中海貧血」與「遺傳疾病」。在台灣的產前常規檢查包括篩檢「地中海貧血」，所以你的媽媽、阿姨、姑姑或姐姐如果被檢測出有地中海貧血，要把這個家族疾病史告訴妳的產科醫師。

其他的遺傳疾病家族史，則要靠妳仔細回想：家族三代成員是不是曾重覆出現症狀類似的疾病？那些疾病是否曾經有得到正確診斷？如果尚沒有正式診斷，但那些疾病症狀非常相似，也有可能是遺傳疾病，所以應該告訴你的醫師。妳的產科醫師將會為妳畫出家族疾病譜，經由家族譜的分析，有可能可以推測出該疾病的遺傳模式。

2.「**個人健康疾病史**」：包括糖尿病、高血壓、癲癇、心臟病、紅斑性狼瘡及是否抽煙？你的產科醫師會依你的健康狀況，評估妳是否適合現在懷孕？尤其建議抽煙的婦女要戒煙，以免不利於胎盤功能，而影響胎兒健康。

尤其值得一提的是糖尿病，如果婦女本身體型肥胖，或是家族患有糖尿病、自己曾經患有多囊性卵巢症候群（polycystic ovary syndrome）、正在使用類固醇等等，都屬於糖尿病的高危險群，值得檢驗空腹血糖值和糖化血色素。如果是明顯糖尿病（參見「Q38」），則必須在血糖控制良好情況下才能懷孕，因為胚胎的早期發育在媽媽有高血糖情況下，容易產生心臟或神經管的先天異常。

3.「**免疫抗體**」與「**疫苗接種**」：要考量下列事項：「妳已經有的免疫抗體的狀況」，「未來一年是否有國外旅行的規劃」與「不同疫苗的安全性」。我建議必須檢測的抗體是「德國麻疹」與「B型肝炎」，因為懷孕期間的這兩種病毒感染，可能會影響胎兒成長。

尤其是德國麻疹，在台灣因為全民施打疫苗，已經很少有德國麻疹的大流行。現在台灣的德國麻疹的案例大多數是由東南亞或中國大陸移入的新住民。雖然懷孕年齡的台灣婦女大多有抗體，但妳如果小時候學校施打疫苗時，剛好因感冒或其他理由而未施打，你就有可能沒有抗體。

如果懷孕期間有可能去東南亞旅遊，對德國麻疹的免疫力就很重要；如果有可能去非洲、南美洲旅遊的婦女，也需要施打黃熱病的疫苗。疫苗的種類有：類毒素（破傷風）、已殺死的細菌或病毒（流行感冒、肺炎球菌、B型肝炎、腦膜炎、狂犬病）、減毒病毒（麻疹、腮腺炎、小兒痲痺、德國麻疹、水痘、黃熱病）。懷孕期間不能施打的疫苗是減毒疫苗；一般建議減毒疫苗施打後，最好等3個月後再懷孕。

弓漿蟲是經由貓傳播的寄生蟲，如果懷孕期間感染弓漿蟲，會造成胎兒的先天性感染而造成後遺症，例如體重過輕、肝脾腫大、黃疸、貧血、腦部鈣化、痙攣、神經發育異常。所以，愛貓的小姐們在準備懷孕之前，也應該檢測是否有弓漿蟲的抗體，如果妳已經有抗體，就可以避免懷孕中感染弓漿蟲而影響胎兒（參見「Q13」）。

當然我也常被問到：「如何增加懷孕機率？」現代的

年輕夫婦常常忙於工作事業，而必須延遲懷孕的年齡。但是年紀越大，成功受孕的機會就越低，而且年紀越大的婦女產出唐氏症胎兒的機率也增加。所以，我常勸懷孕前來門診的夫婦，生涯規劃儘量把「懷孕優先權」挪到前面。

我的建議是，即使沒有量基礎體溫或用其他方式測試排卵，每星期平均有2~3次性生活，比較有機會讓性交剛好碰到「受孕期」，受孕期指排卵前兩天之內。確定會降低懷孕機率的項目有：抽煙、體重過重（BMI大於27）或體重過輕（BMI小於17）。BMI（body mass index，身體質量指數）的計算方法是：體重（公斤）除以身高（公尺）的平方。另外，雖然有學者觀察：過度喝酒（每天超過兩罐啤酒）、喝咖啡過量（每天超過2杯咖啡）、過度運動（每星期超過7個小時的激烈有氧運動）、過度工作壓力也會影響懷孕成功率，但是這些研究仍然沒有定論。我建議的生活智慧是：什麼嗜好都不要過度。

孕媽咪一點通

所謂的「個人健康疾病史」包括糖尿病、高血壓、癲癇、心臟病、紅斑性狼瘡及是否抽煙？你的產科醫師會依你的健康狀況，評估妳是否適合現在懷孕？尤其建議抽煙的婦女要戒煙，以免不利於胎盤功能，而影響胎兒健康。

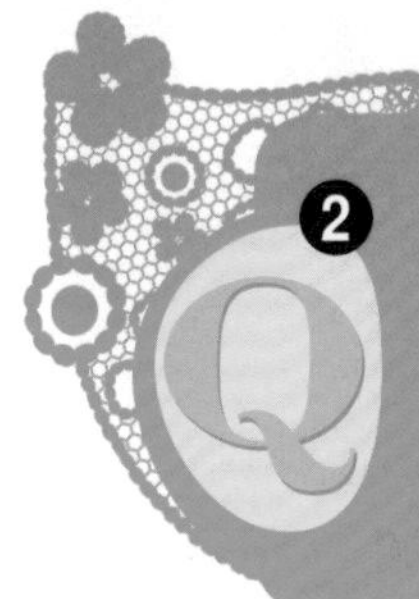

Q2 我需要服用葉酸嗎？

「葉酸」是一種水溶性的維他命，就是維他命B_9。在天然食物中，葉酸存在於綠葉蔬菜、柑橘、牛肝與豆類植物之中。

很多人都說懷孕應該要補充葉酸，但是葉酸是什麼？從哪裡補充呢？

「葉酸」是一種水溶性的維他命，就是維他命B_9。在天然食物中，葉酸存在於綠葉蔬菜、柑橘、牛肝與豆類植物之中。人體進行細胞分裂非常需要充分的葉酸，因為它扮演著合成核酸和某些氨基酸的重要角色。胎兒的神經管缺損（neural tube defect, NTD）和缺乏葉酸非常有關，所以每一位孕媽咪都應該補充葉酸。

聰明的補充葉酸

葉酸的補充最好在懷孕前1~3個月就開始，而持續到懷孕12週。建議量是每天至少0.4毫克（mg），也就是400 mcg。然而，有下列情況的人更應該提高劑量到一天服用4毫克：

1. 有神經管缺損疾病的家族史的孕婦。
2. 曾經生過神經管缺損胎兒的孕婦。

3. 服用抗癲癇藥物（尤其是valproate或carbamazepine）的孕婦。

一般孕婦專用的綜合維他命也含有葉酸，但是劑量較低。但是我建議：不要以服用好多顆的綜合維他命來獲得1日4毫克的葉酸，因為這樣會造成其它的維他命過量，尤其是維他命A。

孕媽咪叮嚀

孕媽咪最好在懷孕前1~3個月就開始補充葉酸，而且持續到懷孕12週。建議量是每天至少0.4毫克（mg），也就是400mcg。不要從綜合維他命裡補充，這樣容易造成其他維他命過量。

3 Q 我要怎樣確認我懷孕了？

每天早上一醒來就先量「婦女基礎體溫」，一旦排卵後的高溫時期超過16天，驗孕棒就會呈現陽性，也就是「妳懷孕了」。

現代的女性如果平常月經週期很規則，卻突然延遲了4~5天而還沒有來，她可能就會去買「驗孕棒」來自我檢測是否懷孕了。事實上，台灣的產前檢查門診中，大部份的孕媽咪也都是這樣得知懷孕了。

「生理期延遲」和「體溫較高」都是徵兆

「應該來的月經沒有如期來到，就可能是懷孕」這似乎是一個常識，但是「意外」偶爾會出現。

所以我要提醒一些急著想要受孕的婦女，如果妳每天早上一醒來就先量「婦女基礎體溫」，一旦排卵後的高溫時期超過16天，驗孕棒就會呈現陽性，也就表示「妳懷孕了」。

相反的，有些婦女平常粗心大意，當驗孕棒檢查到懷孕的時候，事實上都已經懷孕兩個多月了。這是因為早期胚胎著床時，會合併一些少量出血，讓她以為是上一次的月經，就忽略了可能懷孕的警覺。

甚至會看到一些婦女根本不知道自己已經懷孕了，在其他原由的醫學檢查下，才意外的知道胎兒已經4~5個月了。通常這些婦女的月經都很不規則，也許3~4個月或甚至半年才來一次月經。

正確判別是否子宮外孕

在教學醫院的婦產科門診中，也常看到憂愁滿面的婦女告訴我說：「月經延遲已經3個星期，尿液檢查也有懷孕反應，但超音波卻看不到子宮內有妊娠囊，診所的醫師懷疑是子宮外孕，怎麼辦？」

對於這樣的婦女，我會詳細的問診她的月經規律性，不只是詢問最後一次月經的日期而已，還要問到「上一次」、「再上一次」甚至是「再上上一次」，因為很可能孕媽咪自己以為已經懷孕7個星期，但是她這一次的排卵日期較晚，所以實際的懷孕只有4~5星期，因此腹部超音波有可能還看不到子宮內的妊娠囊，當然也有可能真的是「子宮外孕」，所以要真正確認診斷子宮外孕，就必須仰賴於一系列抽血檢查來測量血液中的懷孕指數（乙型人類絨毛膜促性腺激素，beta-hCG）上升的情況，藉著合併兩次以上的陰道式超音波來評估子宮內妊娠囊的成長。

簡言之，尿液檢查有懷孕反應，加上超音波可以看到子宮內妊娠囊，才能算是懷孕了。

孕媽咪一點通

一旦排卵後的高溫時期超過16天，驗孕棒就會呈現陽性，也就是「妳懷孕了」。當尿液檢查出現懷孕反應時，還必須加上超音波可以看到子宮內妊娠囊，才能算是真的懷孕了。

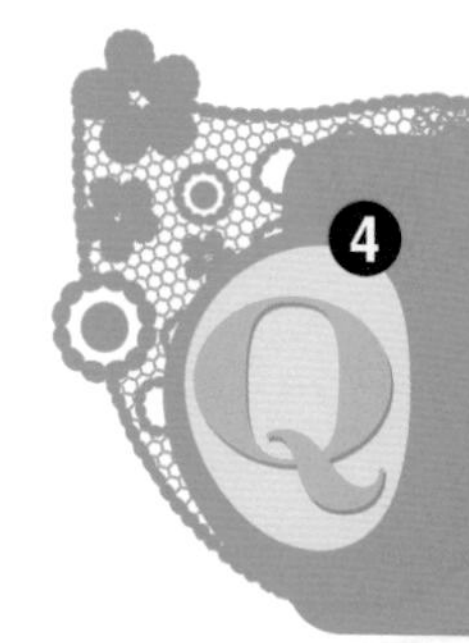

4 Q 「預產期」要如何計算？

「預產期」的速算公式為：最後一次月經的月數加上9或是減3，而日數加上7，這個公式在產科學上稱做「Nagele速算」，但是這個速算公式僅適用於月經週期非常規律的婦女。

對一個月經週期非常地規律的婦女來說，「預產期」的速算公式為：最後一次月經的月數加上9或是減3，而日數加上7；例如，最後一次月經是民國100年10月10日，預產期就是101年7月17日，這個公式在產科學上稱做「Nagele速算」。但是這個速算公式僅適用於月經週期非常規律的婦女。

利用超音波檢測可推算預產期

現代產科醫師幾乎都會使用超音波檢測再次確認懷孕的週數，並據此調整孕媽咪的預產期。在早期懷孕期（小於12週），超音波測量到的胎兒頭臀距（從胎兒的頭頂到胎兒屁股的距離，以公分來計算），加上6.5，這大概就等於胎兒的週數。在懷孕14~26週之間，胎兒的雙側頂骨距離（biparietal diameter, BPD）與大腿骨長度最能夠正確的反應出懷孕週數。

當然，如果要求到精確的預測值，就必須把測量值比對到胎兒成長資料庫，就可以得到胎兒是「幾星期過幾天」的大小，而這些資料庫大概都已內建於婦產科的超音波儀器中。

有些孕媽咪希望得知非常精確的預產期，甚至自我期許在預產期當天生產。其實，預產期只是一個參考指標，由預產期往前或往後兩個星期，也就是說懷孕38~42週，都稱為「足月懷孕」。

孕媽咪一點通

如果想要得到精確的預產期預測值，就必須把測量值比對到胎兒成長資料庫，就可以得到胎兒是「幾星期過幾天」的大小，而這些資料庫大概都已內建於婦產科的超音波儀器中了。

5 Q 驗孕棒是陽性，為什麼還不能領「媽媽手冊」？

> 懷孕9~10週時，可以明確看到胎兒成長到2~4公分，並且有規律的心跳，那時候才建議領取「媽媽手冊」。

很多孕媽咪，尤其是第一胎的新手準媽媽，在尿液驗出懷孕反應陽性，而且超音波也看到子宮內妊娠囊時，就滿心以為懷孕了，想要領取「媽媽手冊」。

媽媽們開始做孕媽咪常規檢查時，通常是懷孕五到六週時，我常會誠懇的建議她，如果沒有陰道出血，回家可以照常規律工作與生活，也可以維持正常的飲食營養，並且預約她四週後回診。四週後，一旦超音波可以明確看到胎兒成長到2~4公分並且有規律的心跳，那時候才領取「媽媽手冊」，並將第一次的孕媽咪常規血液檢查延到懷孕11週的時候，與第一孕期的唐氏症篩檢一起抽血檢查。這樣建議是基於：這樣的排程可以少針扎、疼痛一次。

懷孕三個月內的確是觀察期

很多老一輩的人都會說，懷孕三個月之內不要說，其實這也不全然是迷信，反而是有科學根據的。事實上，人類的懷孕效率並不是頂優秀的，大約有8~20%的早期懷孕會結束於「萎縮性胚囊」、「流產」等，80%的這類自然流產都發生於懷孕12個星期內。一旦胎兒的成長合乎懷孕週數並有規律的心跳，那時候的懷孕成功率才會大幅增加。

雖然超音波可以看到胎兒心跳時，發生自發性流產的機率就大幅下降，但是懷孕的成功率仍然與孕媽咪的年紀很有相關。研究報告指出：在已經可以看到胎兒心跳的孕媽咪中，小於36歲的孕媽咪約有5%的自發流產率；36~39歲的孕媽咪約有10%的自發流產率：而大於40歲的孕媽咪則有高達29%的自發流產率。

98%的「子宮外孕」發生在輸卵管

另外，尿液檢驗出有懷孕反應，仍然有子宮外孕的可能性。「子宮外孕」的定義：發育中的胚囊著床於子宮內膜以外的地方，子宮外孕98%發生於輸卵管，少數也可能發生於子宮頸、前次剖腹產的子宮傷口，甚至於腹膜上。

發生「子宮外孕」的危險因子有以下幾點：

1. 以前發生過子宮外孕。
2. 以前輸卵管動過手術或是有過輸卵管疾病。
3. 有過骨盆腔發炎疾病。
4. 不孕症。
5. 多位性伴侶。
6. 抽煙。
7. 使用子宮內避孕器而避孕失敗的時候。

最值得澄清的是子宮內避孕器和子宮外孕發生率的關係：由使用子宮內避孕器得到避孕的效果，子宮內懷孕和子宮外孕的機率都大幅的減少，所以使用子宮內避孕器的婦女得到子宮外孕的機率只有一般婦女得到子宮外孕的機率的10分之1以下。子宮內避孕器的避孕失敗率約只有1~2%；然而在這些避孕失敗的個案中，子宮外孕的機率才會增加。

孕媽咪一點通

「子宮外孕」的定義：發育中的胚囊著床於子宮內膜以外的地方，子宮外孕98%發生於輸卵管，少數也可能發生於子宮頸、前次剖腹產的子宮傷口，甚至於腹膜上。

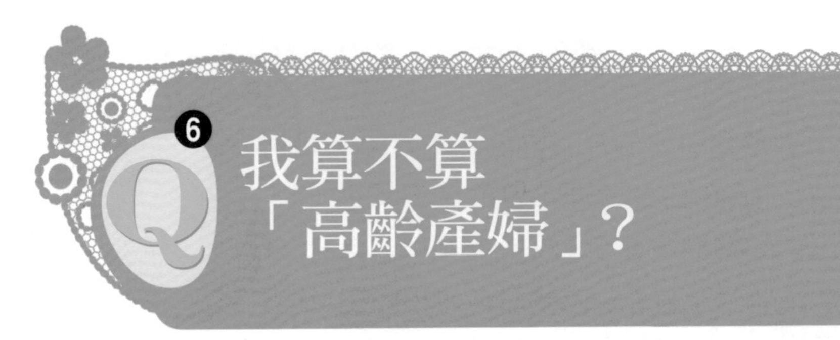

台灣的國民健康局將年滿34歲的孕媽咪，定義為「高齡產婦」，表示這位孕媽咪如果做羊膜穿刺染色體檢查時，可以獲得2,000元補助。

許多女生都對於「高齡產婦」這個問題有點敏感，台灣的國民健康局將年滿34歲的孕媽咪，定義為「高齡產婦」，只是表示這位孕媽咪如果做羊膜穿刺染色體檢查時，可以獲得2,000元補助。

在醫學上，並沒有一個「高齡孕產婦」的絕對定義。因為醫學文獻報導中，有57歲而自然受孕的婦女的病例報告；而在人工生殖科技的使用下，好幾位66歲而成功懷孕的個案，甚至有一位是70歲的成功懷孕。然而隨著孕媽咪的年紀增長，受孕的成功率隨之下降，而懷孕的風險卻隨之上升。

35歲以上的孕媽咪比較容易出現的症狀

在醫學研究上，常常比較大於（包括等於）35歲和小於35歲這兩個年齡群的孕媽咪。跟小於35歲的年齡群比較的時候，大於35歲的孕媽咪比較容易合併下列的不良懷孕過程：

1. 有大於25%的流產機率。
2. 有4~8倍的子宮外孕機會。
3. 染色體異常的機率顯著提高。
4. 胎兒產生先天畸形的機率顯著提高。
5. 孕媽咪合併內科疾病(尤其是高血壓與糖尿病)的機率大為增加。
6. 合併胎盤異常的機率增加,尤其是胎盤早期剝離與前置胎盤。
7. 較容易合併早產與胎兒體重過輕。
8. 發生死產的機率顯著提高。
9. 合併剖腹生產的機率顯著增加。
10. 併發孕媽咪死亡的機率也增加兩倍以上。

現代社會中,婦女越來越晚婚,懷孕的年齡也越來越增加。所以,孕媽咪讀者很有可能也是屬於滿34歲以後才懷孕的年齡群。年滿34歲以上才懷孕的媽媽們,看到上述列舉的危險率增加,請不要心慌,更不要沮喪。統計上有顯著意義的差異,並不表示發生率就一定很高,例如,第10項的孕媽咪死亡率,在大於35歲年齡群是每100,000活產發生了21個死亡個案;而在小於35歲年齡群,則是每100,000個活產發生了9個不幸死亡個案。

列舉上面的醫學統計數值比較,我只是要提醒大家:如果妳的年紀是屬於大於34或35歲的年齡群,在知道這些的危險機率增加之下，妳更應該和妳的產科醫師好好配合，有規律的產前檢查來篩檢與預防上述併發症。

孕媽咪一點通

年滿34歲以上才懷孕的媽媽們，看到上述列舉的危險率增加，請不要心慌，更不要沮喪。統計上有顯著意義的差異，並不表示發生率就一定很高。

7 Q 為什麼我會流產？

> 80%的自然流產都發生在懷孕12個星期內，造成這個自發性流產的理由，主要是胚胎本身染色體有問題，因為有這種重大的異常，而自然淘汰掉了。

大約有8~20%的早期懷孕是以「萎縮性胚囊」、「流產」等不幸結束，80%的自然流產都發生在懷孕12個星期內。儘管大部份的孕媽咪都有這個常識，但是聽到自發流產發生在自己身上時，都免不了眼淚盈眶。尤其是首度懷孕的孕媽咪，常會問「為什麼是我？」而且很擔心自己是不是吃錯了什麼藥，或者做錯了什麼動作？

事實上，懷孕的失敗率比一般人想像的還要高出許多：如果把尚未著床的胚胎也算進來的話，有一半以上的受精卵注定會失敗的。這些自發流產最常見的原因是胚胎的染色體異常，這個原因至少佔50%以上；並不是因為孕媽咪休息不夠、營養不夠，或是子宮的功能不好。所以我常安慰發生自發性流產的孕媽咪：「造成這個自發性流產的理由，主要是胚胎本身的染色體問題，因為有這種重大的異常，而自然淘汰掉了」。

自發流產包括有下列幾種：

1. **先兆性流產**。也有人直接翻譯為「脅迫性流產」，是最常見的一種自發性流產。只要是懷孕期發生出血，而出血是確定經由子宮內流出而不是起源於子宮頸，子宮頸閉合完整而且長度正常，妊娠囊甚至胎兒心跳都明顯地健全，這類的流產都稱為先兆性流產。先兆性流產的預後很好，有大於9成以上的懷孕成功率。

2. 不可避免的流產。當子宮出血量增加，子宮收縮的疼痛加劇，而子宮頸已有擴張，這樣的流產大概就是不可避免的。在婦科內診時，有時候可以看到妊娠組織已經排到子宮頸口了。

3. 完全流產。發生於懷孕12週前的流產大概有3分之1的機率會完整的排出，所以稱為完全流產。

4. 不完全流產。12週以後的自發流產，雖然會自發破水排出胎兒，但大部分還會有部份胎盤組織仍留在子宮內無法自然排出，就會造成不完全的流產。

5. 再發性流產。俗稱為「習慣性流產」，指連續3次或以上。

孕媽咪一點通

懷孕的失敗率其實比一般人想像的還要高出許多：以尚未著床的胚胎來算，有一半以上的受精卵是注定會失敗的，這些自發流產最常見的原因有50%是胚胎的染色體異常。

8 Q 曾經流產過，下一次還會懷孕嗎？

> 在醫學上，連續3次以上發生自發流產，才稱作「再發性流產」，這種流產只占全部流產的1~2%。也只有經歷過「再發性流產」的婦女，下次懷孕的成功率才有可能降低。

每一位不幸發生流產的孕媽咪，在接受了這個殘酷的事實之後，最擔心的莫過於：「我會不會變成習慣性流產？」或「這一次的治療性流產處理，會不會造成子宮內膜受傷，影響下一次的成功懷孕？」 我知道：往往要等到下一次成功的娩出健康寶寶以後，流產所造成孕媽咪的心靈創傷才會癒合。事實上，發生一次流產，並不會影響下次懷孕的成功率。台灣在公布「24週之前的自願流產」合法之後，幾乎所有的流產手術都是由婦產科專科醫師操作，手術的安全性大為提高，不再有手術後子宮內膜受損而影響下次懷孕的情況。

在醫學上，連續3次以上發生自發流產，才稱作「再發性流產」，這種流產只占全部流產的1~2%。也只有經歷過「再發性流產」的婦女，下次懷孕的成功率才有可能降低。「再發性流產」的原因包括有：孕媽咪本人或是先生的染色體異常、內分泌系統異常、子宮的結構異常、孕媽咪的凝血系統功能異常或有自體免疫疾病。即使有過「再發性流產」的婦女，也可以預期有7成以上的懷孕成功率。

簡言之，發生過自發流產或是曾經接受過自願流產，大概都不會影響下次懷孕的成功率。而有經歷過「再發性流產」的婦女，產前檢查時一定要告訴妳的產科醫師這個病史，讓產科醫師好好的為妳評估與預防自發性流產。

孕媽咪一點通

發生過自發流產、或是曾經接受過自願流產，大概都不會影響下次懷孕的成功率。而有經歷過「再發性流產」的婦女，產前檢查時一定要告訴您的產科醫師這個病史，讓產科醫師好好的為您評估與預防自發性流產。

懷孕期的變化與保養

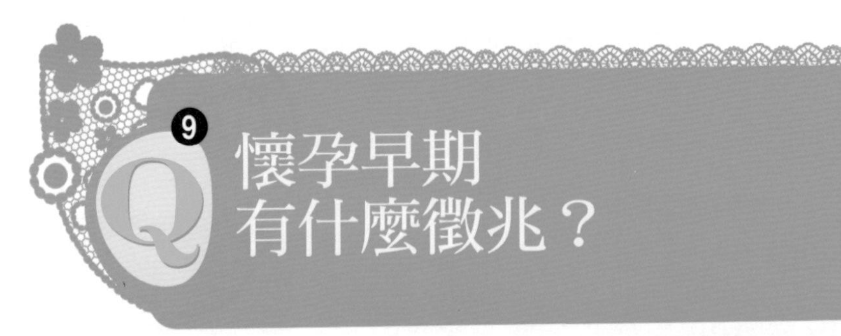

懷孕早期會合併無月經或少量的不規則出血、噁心、乳房症狀、頻尿、與疲勞，少數孕媽咪還會出現頭重腳輕、情緒改變、腹脹、便祕、下腹疼痛甚至鼻塞。

早期懷孕常會合併：無月經或者少量的不規則出血、噁心、乳房症狀、頻尿與疲勞。少數孕媽咪還會出現如頭重腳輕、情緒改變、腹脹、便祕、下腹疼痛（類似月經要來之前的子宮悶痛），甚至鼻塞，大部分這些症狀都來自懷孕期間的荷爾蒙改變所造成。

「懷孕的時候，月經不會來」這雖然是一般的常識。但事實上，現代婦女大多數是因為月經應該來的時候卻沒有來，才會去買驗孕棒而測到尿液有懷孕反應。約有10%的孕媽咪在懷孕早期會出現異常的陰道出血，這樣的出血量通常很少，大概一天只需要用到1~2片衛生棉，而出血大概也只持續1天就會停止了。

雖然少部份懷孕有可能合併這種無害的出血，但我想叮嚀孕媽咪們：懷孕期間有任何的陰道出血，都要盡快向妳的產科醫師報告，必須要排除流產、子宮外孕或是子宮頸息肉等等情況。

至少有一半以上的孕媽咪曾出現噁心或是合併嘔吐的症狀，這就是大家通稱的「害喜現象」。值得注意的是：良性的「害喜」不會合併發燒、頭痛、拉肚子、腹脹或腹痛；如果合併出現這些情況，噁心和嘔吐可能是其它疾病的症狀，要多加注意。

孕媽咪會發現自己的乳房會變大，有時候還合併酸痛或刺痛感。這是因為人類絨毛促進性腺激素（hCG）會刺激乳房的腺體，加上雌性激素與黃體素對乳房也有促進作用。懷孕期間也會發現乳頭與乳暈周圍的顏色會加深，甚至靜脈也會比較明顯。

「頻尿」和「夜尿」也是孕媽咪常會抱怨的。孕媽咪的尿液增加是由血液量擴張、腎臟血流量增加與腎絲球過濾量增加來造成。和沒有懷孕的婦女比較起來，孕媽咪在夜晚的時候會排出較多的鈉，所以常會感覺到「夜尿」。值得注意這是，這樣的頻尿並不會合併血尿、小便疼痛等等膀胱炎的症狀。

在懷孕的前3個月中，孕媽咪會比較感覺到疲勞；而在懷孕進行4~6個月的時候，這疲勞的感覺會稍微的改善。造成這種疲勞的原因，主要是來自黃體素，與懷孕期間的心臟血管系統與血液系統的功能改變等等，讓身體感到疲倦。

孕媽咪一點通

至少有一半以上的孕媽咪曾出現噁心或是合併嘔吐的症狀，這就是大家通稱的「害喜現象」。值得注意的是：良性的「害喜」不會合併發燒、頭痛、拉肚子、腹脹或腹痛；如果合併出現這些情況，噁心和嘔吐可能是其它疾病的症狀，要多加注意。

10 為什麼懷孕會害喜？

> 發生害喜的噁心或嘔吐的原因，一般認為是因為懷孕荷爾蒙變化造成，這些荷爾蒙包括：雌性素、黃體素、人類絨毛促性腺激素。

至少有一半以上的孕媽咪早期懷孕的時候會出現噁心的現象，有時候還會合併嘔吐，那就是典型的「害喜」。

下列孕媽咪比較會發生這類的害喜：

1. 上一胎有害喜狀況者。
2. 服用荷爾蒙避孕藥會產生噁心、嘔吐者。
3. 月經來時會合併偏頭痛，以及很容易暈車的人。

下列情況容易誘發孕媽咪的噁心嘔吐：

1. 擁擠空氣不流通的小空間（房間、公車內）。
2. 某些特別的氣味（油煙味、某些食物、香水、化學藥品、甚至咖啡）。
3. 處於悶熱和潮濕，吵雜噪音，閃爍的光線下，例如搭乘車船。
4. 特別疲勞的時候。

發生害喜的噁心或嘔吐的原因，一般認為是因為懷孕荷爾蒙變化造成，這些荷爾蒙包括：雌性素、黃體素、人類絨毛促性腺激素。尤其是人類絨毛膜促性腺激素在懷孕早期升高的特別快，剛好與最容易發生妊娠噁心嘔吐發生的時間一致。

此外，發生葡萄胎的時候，人類絨毛膜促性腺激素更是異常增加，而葡萄胎也常合併非常激烈的噁心嘔吐，這個觀察更是支持人類絨毛膜促性腺激素與害喜的相關性。

雖然害喜的噁心嘔吐非常常見，但如果是下列的噁心嘔吐，就可能不是普通的害喜現象，要記得向妳的產科醫師報告，讓他幫妳進一步檢查與鑑別診斷：

1. 懷孕3個月後才首度出現的噁心嘔吐，合併有腹痛、發燒、頭痛、甲狀腺腫（大脖子）、拉肚子、便祕、高血壓或異常的神經症狀。
2. 如果是出現在懷孕20週以後，又合併高血壓與蛋白尿，這時候的噁心嘔吐就可能是一種「子癇前症」的嚴重合併症，稱作HELLP症候群，此時會出現溶血現象、肝功能異常和血小板數目減少。

台灣的孕媽咪很害怕傷到肚子裡的寶寶，都不喜歡吃藥，還好害喜的噁心嘔吐大部份可以改變飲食習慣而獲得改善。**害喜的孕媽咪的胃似乎變得很敏感，太脹了想吐、太空了也想吐，所以飲食要改成「少量多餐」。可以放一些小點心在包包裡或隨手可得的地方，在還沒有覺得餓之**

前就吃一些食物，而每次進食也不要吃到太飽，以免胃腸感覺到脹，又會把剛吃下去的食物吐光光。

孕媽咪隨身攜帶的小點心要避免油膩，似乎以平淡無味的澱粉製品或含有高蛋白為佳。喝湯或飲料最好在各餐之間，以避免胃漲又會想吐。有些報告顯示薄荷和薑有些幫助。經過這些飲食習慣的改變，如果噁心嘔吐仍然非常嚴重，那時候就應該服用藥物，產科醫師會先處方維生素 B_6，如果效果不佳，可再加上抗組織胺或是一些止吐藥。

孕媽咪一點通

害喜的孕媽咪飲食要改成「少量多餐」。可以放一些小點心在包包裡或隨手可得的地方，在還沒有覺得餓之前就吃一些食物，而每次進食也不要吃到太飽，以免胃腸感覺到脹，又會把剛吃下去的食物吐光光。

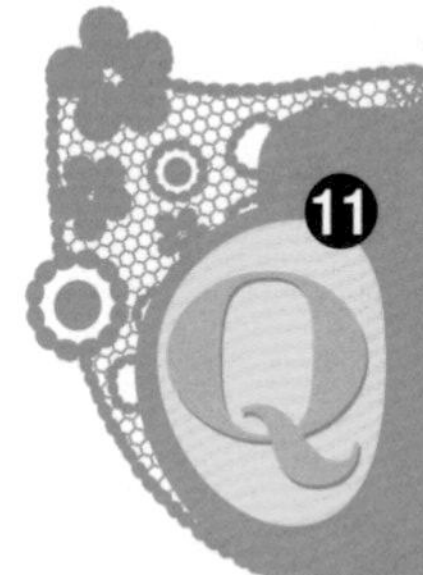

11 Q 因孕吐而體重減輕，會影響胎兒嗎？

曾有孕婦嚴重的害喜，吃也吐、不吃也吐，甚至體重掉到只有32公斤。雖然孕婦的食慾與體力仍然很差，但是孕媽咪通常會有穩定的胎盤保護寶寶的健康，不用過度擔心。

曾有一位孕媽咪患有嚴重的害喜，吃也吐、不吃也吐，最嚴重的時候，163公分的她體重掉到只有32公斤。因為不能進食又嚴重嘔吐，小便檢驗都出現了酮體，因而住院打點滴治療。住院期間，雖然嘔吐情況改善很多，但是食慾與體力仍然很差，每次去查房，看到她都昏昏沈沈的在睡覺。

孕媽咪與家屬都十分擔心寶寶的成長會不會受到影響？我告訴她說，一旦排除一些會合併妊娠劇吐的疾病，像是葡萄胎、甲狀腺機能異常等等，嚴重的害喜嘔吐的孕媽咪，往往有穩定的胎盤與健康的胎兒發育。當然經過超音波檢查也証實，這個胎兒的成長狀況十分理想。雖然她的妊娠劇吐持續到懷孕5個月才稍微改善，整個懷孕期，這位孕媽咪的體重也比一般孕媽咪輕很多，但是最後，也順利生下一個3,000克的健康寶寶，真是可喜可賀。

所以孕吐嚴重的孕媽咪不用擔心，只要告知你的醫師，請醫師詳細觀察注意就可以了。

孕媽咪一點通

孕吐嚴重的孕媽咪和家屬通常都會很擔心寶寶狀況，其實一旦排除一些會合併妊娠劇吐的疾病，像是葡萄胎、甲狀腺機能異常等等，嚴重的害喜嘔吐的孕媽咪，往往有穩定的胎盤與健康的胎兒發育。

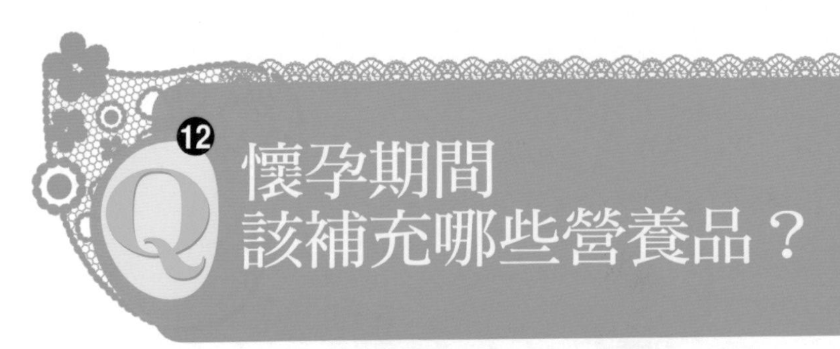

沒有偏食習慣的孕媽咪，飲食上只要和往常一樣均衡就可以了，不需要另外補充其他營養品。

在產前檢查門診時，經常有孕媽咪會詢問該吃什麼營養品？我都會先反問她，平常是否有偏食的習慣？如果沒有，就請照懷孕前所吃的均衡飲食就好了。

但是有些孕媽咪還是會頻頻詢問：「親戚們知道我懷孕了，特地從國外帶回來孕媽咪專用的營養品，不知道能不能吃？安全嗎？」我會請這樣的孕媽咪下次門診時，把那些親戚好意的營養品帶過來，我會幫她看看。

營養補充品最好是知名廠牌

對於這些琳瑯滿目的東西，我檢視的重點通常是先看到標示是「藥品」或是「食品、食品補充物」。國人心中常會以為只要標示為「食品」，就沒有所謂「藥品的副作用」。其實通常我看到標示為「藥品」，而且是知名藥廠出品的，就會告訴孕媽咪這些比較可靠；反而標示為「食品」的，是沒有經過嚴格的檢驗與藥政相關單位的管理。

雖然我每次都建議孕媽咪從均衡的飲食中，就可以獲得足夠的營養。但如果孕媽咪或是家屬覺得在懷孕這麼重要的期間，一定必須特別添加一些營養品的話，我就會建議一、兩種國際知名藥廠在台灣設廠生產的孕媽咪專用維他命，但是要提醒大家，這些都是綜合維他命，添加了一些鐵與葉酸。

這兩種品牌在市面上販售已經有一、二十年以上了，所以不怕買不到，而且價格大都一致，不會讓孕媽咪花大錢、當冤大頭。然而我也發現：孕媽咪自己在藥局買到的孕媽咪專用補品，常常是標示為「食品」或「食品補充物」；有些即使是國外進口的藥品，也大多是不知名的小藥廠，詢問起來價格反而比上述兩種常見品牌高出許多，難怪藥局喜歡推薦了。

懷孕期間可以補充鐵和鈣

懷孕期間可以適量補充鐵劑，幫助提供孕媽咪與胎兒的紅血球生成所需要的鐵質；而補充鈣劑則有助於胎兒的骨頭發展與預防孕媽咪小腿抽筋。有些害喜的孕媽咪，服用孕媽咪維他命或鐵劑的時候會變得對藥物味道很敏感，反而容易把藥嘔吐掉，通常我會建議她們睡覺前再服用。

在健康食品的補充上，孕媽咪最常問到的是富含「歐美加脂肪酸」的魚油，就是長鏈不飽和脂肪酸製劑，例如：DHA和EPA。在2004年的小兒科醫學期刊中，曾經報告讓早產嬰兒食用魚油有助於神經發育與生長；另外一些醫學期刊報告則顯示：孕媽咪補充魚油可能預防早產，這些資料對孕媽咪似乎很有吸引力；然而2010的婦產科期刊報告顯示：補充歐美加脂肪酸製劑並不能有效的抑制早產。相反的，2005年的婦產科期刊顯示：多攝取富含長鏈不飽和脂肪酸的食物（例如：魚、低脂肉品、奶製品、食用油、全穀類）卻可以明顯降低早產率。因此，我從不會推薦孕媽咪去購買某些健康食品，而寧願強調「從均衡飲食獲得營養」的重要性。特別值得一提的是，有些孕媽咪會把魚油所含的DHA誤聽成DHEA。在不孕症與更年期的治療中，有報告顯示DHEA有助於卵巢功能，但從沒有文獻報告顯示孕媽咪可以服用DHEA。

當然孕媽咪也常問：「服用那些食品，可以減少日後的嬰兒過敏症？」事實上，科學文獻中沒有任何資料顯示「服用那些食品或避免那些食品」能夠有這種效用。反而有証據顯示，餵哺母奶可以有效減少嬰兒過敏。

孕媽咪重點通

懷孕期間可適量補充鐵劑，幫助提供孕媽咪與胎兒的紅血球生成所需要的鐵質；而補充鈣劑有助於胎兒的骨頭發展與預防孕媽咪小腿抽筋。有些害喜的孕媽咪，服用孕媽咪維他命或鐵劑的時候會變得對藥物味道很敏感，容易把藥嘔吐掉，這時會建議她們睡前才服用。

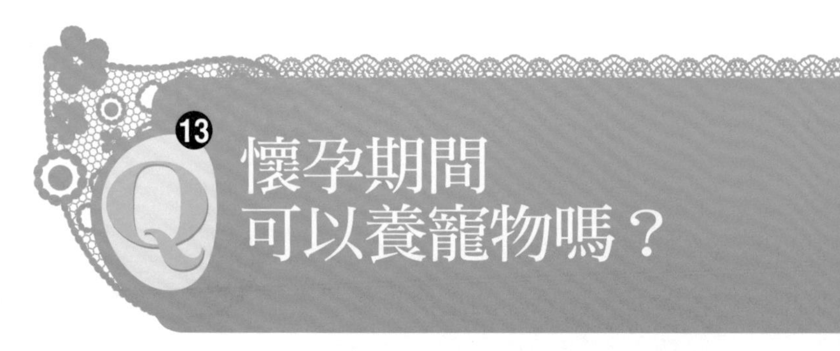

孕媽咪食用的肉類必須經過充分的煮熟，生食的蔬菜水果必須洗滌乾淨，戶外活動尤其是接觸土壤之後必須徹底洗淨雙手，避免接觸寵物的糞便。

飼養寵物已經是現代社會生活很重要的一環，現代人在充滿壓力的生活中，跟寵物的互動大大有利於我們心靈或生理的健康。很多養狗人士都可以體會，每天工作完回到家裡，狗兒可能是唯一最熱情歡迎你的；而當你獨自在家，狗兒也是你跟前跟後的好伴侶，牠會用水汪汪的大眼睛看著你，你怎麼還會寂寞呢？

飼養寵物前先了解傳染途徑

然而寵物也是一些「人畜共通感染（Zoonosis）」的來源，甚至有些感染也會造成胎兒先天異常，所以孕媽咪懷孕前也應該有所準備。弓漿蟲是經由貓傳播的寄生蟲，如果懷孕期間感染弓漿蟲，會造成胎兒的先天性感染，而造成後遺症，例如體重過輕、肝脾腫大、黃疸、貧血、腦部鈣化、痙攣、神經發育異常。所以，愛貓的小姐們在準備懷孕之前，也應該檢測自己是否有弓漿蟲的抗體。

美國的研究報導顯示：3~4成的美國家貓有弓漿蟲感

染，而且3分之1的美國人口已經帶有弓漿蟲的抗體，顯示她們曾經有過潛伏性感染了。我沒有台灣本土的數據，但是，如果妳懷孕之前已經有抗體，就可以避免懷孕中感染弓漿蟲而影響胎兒。如果妳的家裡有養貓，而妳又沒有弓漿蟲抗體，只要妳了解弓漿蟲的傳染途徑，也就不必慌恐了。

感染弓漿蟲大多是經由食用受到感染、而沒有煮熟的肉類，或是接觸到存在於貓糞的弓漿蟲蟲卵。**所以孕媽咪食用的肉類必須經過充分的煮熟，生食的蔬菜水果必須洗滌乾淨，戶外活動尤其是接觸土壤之後必須徹底洗淨雙手，避免接觸貓糞。**

上述的個人衛生常識不僅適用於飼養貓的家庭，也適用於飼養任何寵物（例如：狗、兔子、天竺鼠、鸚鵡、麝香豬等等）的家庭，尤其是要避免接觸寵物的糞便；如果不能避免時，要記得接觸後一定要充分的用肥皂與清水，洗淨雙手和可能接觸到的皮膚。

孕媽咪一點通

懷孕後要避免接觸寵物的糞便；如果不能避免時，就一定要記得接觸後一定要充分的用肥皂與清水，洗淨雙手和可能接觸到的皮膚。

14 Q 孕媽咪的記憶力會減退嗎？

> 根據研究證據顯示，哺乳類的生育哺幼經驗能夠鍛鍊大腦，進而改變行為與增進技能。在職場上也能發揮各項技能，在壓力下同時處理多項事務、有領導能力、照顧他人、較好的職場工作倫理。

我替孕媽咪做產前檢查時，經常聽到她們自我解嘲地說：「懷孕讓我變笨……」。其實懷孕是不是真的會變笨？答案是：「不會！」相反的，懷孕與養育下一代，會讓雌性動物（包括女人在內）更聰明、更勇敢。

懷孕可以鍛鍊大腦、增進技能

根據研究證據顯示，哺乳類的生育哺幼經驗能夠鍛鍊大腦，進而改變行為與增進技能。曾經榮獲普立芝獎的凱撒琳・艾莉嘉在《媽咪金頭腦》一書中詳述媽媽的五項大腦特質包含：

1. 拓展感官世界的「更敏銳」。
2. 能多頭忙碌的「更有效率」。
3. 能減輕壓力與提高智慧的「韌性」。
4. 表現出母愛精神力量的「衝勁」。
5. 讓媽媽社交更優雅的「母性情緒智商」。

哺育可以發揮媽媽的潛能

在現代社會中，許多媽媽也同時是事業有成的職業婦女，因為「當媽媽的人，更能了解自己及別人的心理，而且責任感也明顯增加」。媽媽從生育哺育中也可以學到發揮於職場的各項技能，例如在壓力下同時處理好多項事務、更具有領導能力、能照顧他人、有較好的職場工作倫理等。

當過媽媽不但能增進能力與智慧，道德也會提昇。一個稱職的媽媽會養成「正直的習慣」，當妳發現孩子是容易受妳影響的忠實觀眾時，妳會比較注意自己的言行舉止是否合乎道德規範。這種道德的提昇，也可說明為什麼當媽媽的人常是好的員工與好的同事。

海明威定義「勇敢」為「在壓力下保持優雅」。研究支持媽媽的「更勇敢」的動物行為資料顯示：比起處女鼠，大鼠媽媽為了覓食育幼，能在牠們天性上不喜歡的空曠環境上停留4倍以上的時間，大鼠媽媽當然是變勇敢了。眾所皆知，哺幼的雌獸都有最不能惹的狠勁；社會新聞中，也常有拯救兒女而奮不顧身的偉大母親。

即使有上述的這些科學證據，顯示身為人母會「更能幹、更高尚和更勇敢」；但是孕媽咪在現實生活中，常會感覺到自己會忘東忘西，先生也可能頗有微辭。我對先生們的建議是：在你讀完了這本書之後，就會了解一位孕媽咪在懷孕荷爾蒙的影響、子宮增大的壓迫、體重增加與身體重心的改變所造成的腰酸背痛等等，又怎能不受到這些生理的影響而有所分心呢？我對孕媽咪的建議則是：既然有這麼多會造成分心的生理因素，請準備一本隨身攜帶的小冊子，來記下所有必須記得的事情，而且要養成有空就翻閱那本小冊子的習慣，每完成一件事情就刪掉，不要再強求自己每天要記得那麼多的東西。

孕媽咪一點通

既然有這麼多會造成分心的生理因素，請準備一本隨身攜帶的小冊子，來記下所有必須記得的事情，而且要養成有空就翻閱那本小冊子的習慣，每完成一件事情就刪掉，不要再強求自己每天要記得那麼多的東西。

15

Q 孕媽咪為什麼會胃食道逆流？

懷孕期間的荷爾蒙變化使得食道與胃的交接處較為鬆弛，加上胃受到脹大的子宮往上頂，所以「胃食道逆流」對孕媽咪來說十分常見。

在懷孕中期以後，大約有一半以上的孕媽咪會出現胸部灼熱感，這可能就是「胃食道逆流」。懷孕期間的荷爾蒙變化使得食道與胃的交接處較為鬆弛，加上胃受到脹大的子宮往上頂，所以「胃食道逆流」十分常見。雖然這些胸部灼熱感、喉嚨底部感覺有酸液、甚至造成嘔吐症狀嚴重困擾有些孕媽咪，所幸根據食道鏡研究資料顯示：症狀嚴重度與真正的食道受到傷害的程度並不成正比，也就是說，絕大部份的孕媽咪「胃食道逆流」並不會造成食道黏膜的傷害。

如何改善胃食道逆流的症狀？

孕媽咪如果有胃食道逆流的症狀，可以先嘗試下列方法來改善：

1. **躺臥時把頭部抬高**：睡兩個枕頭或把床頭墊高。

2. **少量多餐的方式進食**：每次進食以小量為主，不要一下子讓胃部脹大。

3. 減少油膩的食物：油炸或太油的食物儘量少食用。

4. 戒煙：懷孕的媽咪絕對不能抽煙。

5. 進食後不立即躺臥：吃完飯後，尤其在飲用大量液體之後，短時間內不要躺臥。

上述各種方法都無法改善，必需請你的產科醫師幫你開立處方藥物治療，使用在孕媽咪胃食道逆流的藥物都非常安全。第一線的藥物以制酸劑為主，我最常使用「多寶胃康」，市面上有錠劑和乳液「胃逆舒」兩種劑型，絕大部份的孕媽咪都可獲得改善。

歐美有個口耳相傳的民間傳說，胸部灼熱感的孕媽咪生出的寶寶頭髮比較多。這真的很有趣，竟然有學者去檢驗這個看似無稽之談的相關性。2006年，美國的醫學重鎮——約翰霍普金斯大學研究顯示：「孕媽咪的胸部灼熱感」與「新生兒頭髮濃密」果然有統計意義的相關性；這樣的研究資料顯示：**懷孕可能產生某些的荷爾蒙，不但會造成食道下端括約肌的鬆弛，也會促進胎兒的頭髮生長。**

孕媽咪一點通

使用於改善胃食道逆流第一線的藥物以制酸劑為主，最常使用「多寶胃康」，市面上有錠劑和乳液兩種劑型，絕大部份的孕媽咪都可獲得改善。

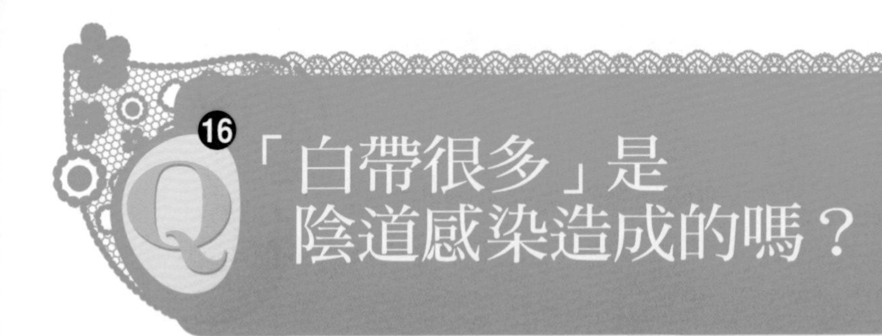

Q16 「白帶很多」是陰道感染造成的嗎？

會造成陰道發炎疾病的原因有下列三種：細菌性陰道病、念珠菌感染、陰道滴蟲。孕媽咪如果患有這些疾病，都有藥物可以安全的治療。

懷孕期間孕媽咪的子宮頸和陰道都會受到荷爾蒙巨大改變的影響，讓血管密布而且分泌量大增。一般來說，孕媽咪的陰道如果分泌出白色濃稠的分泌物，就是俗稱的「白帶」，正常來說是呈現酸性（pH3.5～6），這是由陰道上皮的乳酸菌將肝糖分解成乳酸所致。

雖然孕媽咪的陰道分泌物大量增加，一整天下來，大量的分泌物乾燥後會在底褲內側濃縮成灰白色的斑痕，但是大部分都不會發臭，會陰的皮膚也不會搔癢。所以如果有孕媽咪告訴我陰道分泌物很多時，我就會問：「會不會發出惡臭？會不會產生搔癢？」如果有上述症狀，我就會請孕媽咪上檢查台，以陰道窺器（俗稱鴨嘴）做陰道內診。首先會看外陰部（大、小陰唇，會陰部，鼠蹊部）是否有皮膚炎，再看子宮頸與陰道上皮和分泌物的性質。會造成陰道發炎疾病的原因有下列三種：細菌性陰道病（vaginosis）、念珠菌感染、陰道滴蟲。孕媽咪如果患有這些疾病，都有藥物可以安全的治療。

細菌性陰道病不須馬上治療

生育年齡中的婦女，大約一半以上患有「細菌性陰道病」，但是一半以上的患者並沒有症狀。發生細菌性陰道病的原因是陰道上皮的正常乳酸桿菌減少，而被另外的厭氧革蘭氏陰性菌落群取代，造成陰道的酸鹼度上升（pH>4.5），而這群厭氧革蘭氏陰性菌會產生特異酵素，將陰道內蛋白質片段分解而產生「腥臭味」，這個腥臭味是細菌性陰道病的最主要症狀。根據美國的研究顯示：約有3分之1的孕媽咪患有細菌性陰道病。雖然細菌性陰道病會稍微增加造成早產的機率，但是約有一半患有此症的孕媽咪會自動痊癒。所以除非腥臭味分泌物症狀嚴重，否則並不須馬上治療。

念珠菌陰道炎不會影響懷孕

念珠菌是一種黴菌所造成的，「念珠菌外陰陰道炎」非常普遍，約佔所有陰道炎的3分之1。典型的症狀是外陰部紅、腫、搔癢，而陰道的分泌物呈現類似乳酪的白色塊狀。念珠菌陰道炎並不會對懷孕造成不良影響，所以治療孕媽咪的念珠菌陰道炎主要是要緩解搔癢症狀。

陰道滴蟲陰道炎會造成早產

陰道滴蟲是一種帶有鞭毛的原生動物，在顯微鏡下可以看到陰道滴蟲的鑽動。「陰道滴蟲陰道炎」的典型症狀包括：膿液狀的、惡臭的陰道分泌物、陰道有灼熱感、搔癢、小便疼痛或頻尿，甚至有性交疼痛。陰道滴蟲陰道炎會增加早期破水和早產的機率；而且很弔詭的是，懷孕期間治療陰道滴蟲的感染並無法預防早產。

孕媽咪的陰道滴蟲感染可以投予口服藥或陰道片，安全有效的治癒搔癢及惡臭的分泌物。患有陰道滴蟲陰道炎的產婦，分娩的時候可能會造成新生兒感染，而產生發燒、呼吸問題、泌尿道感染等等；所以針對懷孕37週的孕媽咪治療陰道滴蟲，可以避免新生兒的滴蟲感染症。

1. 細菌性陰道病會稍微增加造成早產的機率，但是約有一半患有此症的孕媽咪會自動痊癒，並不須馬上治療。
2. 念珠菌陰道炎並不會對懷孕造成不良影響，所以治療孕媽咪的念珠菌陰道炎主要是要緩解搔癢症狀。
3. 陰道滴蟲陰道炎會增加早期破水和早產的機率。

17 Q 孕媽咪可以喝咖啡、喝茶嗎？

> 每天孕媽咪飲用不超過兩杯咖啡（咖啡因攝取量不超過200毫克）、或是每天不超過四杯茶，這樣的攝取量並不會影響胎兒的健康。

每天早餐中用一杯咖啡或是茶來喚醒一天的生活是很多人的常規，連孕媽咪也不例外，所以許多孕媽咪（尤其是上班族）常會問我：「孕媽咪可以喝咖啡、喝茶嗎？」無論是香味、或是提神的效果，咖啡的魅力舉世皆然。有人覺得早上如果沒有來上一杯香濃的咖啡，常會哈欠連連，甚至會有頭痛，有如「咖啡因中毒」一樣。所以許多人對咖啡是又愛又怕，難怪文獻上也指出，咖啡因是全世界最常被研究的日用品。

咖啡因來自60多種植物，廣泛被加入各種食物、飲料及藥物。咖啡、茶、可可、多種碳酸飲料都含有咖啡因，而咖啡所含的咖啡因大約為茶的兩倍。根據美國農業局調查資料顯示，18~34歲的婦女每天平均攝取164毫克的咖啡因；英國的資料則顯示適孕年齡的婦女每天平均攝取174毫克的咖啡因。大部份的孕媽咪會自我節制，減少咖啡因的攝取量，但平均每天還是會攝取125毫克。要正確估計自己每天的咖啡因攝取量並不容易，除非瓶裝飲料上清楚標示咖啡因的含量，否則市面上販賣的咖啡隨著每杯容量不同、濃淡有異，而咖啡因的含量大約是每杯72~130毫克，平均每杯約為100毫克。

咖啡因會影響胎兒活動

咖啡因會經由胃和小腸吸收，食用後30~45分鐘可在人體組織出現，而血液濃度在兩小時內達到最高，身體清除咖啡因的半衰期為4~6個小時。隨著懷孕期增加，清除咖啡因的速率會減緩，所以懷孕末期婦女清除咖啡因的半衰期可高達12~18小時。咖啡因和它的代謝物都可以通過胎盤而進入羊水和胎兒血液。研究資料顯示，孕媽咪攝取咖啡因後，胎兒的心跳變化幅度會加大、心跳速度稍微減緩、胎兒呼吸活動增加，顯示孕媽咪飲用咖啡確實會影響胎兒活動，雖然這些活動並不會有害胎兒。

幾乎所有的咖啡因對懷孕影響的研究，都用「每天攝取量小於200毫克」當作正常對照組（意即：機率為1）來比較。根據研究資料顯示：

1. 每天咖啡因攝取量大於200毫克，流產機率為2.2倍。
2. 每天咖啡因攝取量大於200毫克，新生兒體重大約減少60公克。
3. 每天喝4~5杯咖啡（咖啡因約為400～500毫克），胎兒過小的機率為1.5倍；而每天超過6杯，胎兒過小的機率為1.9倍。「胎兒過小」主要是指身長較短。

4. 然而研究1,200位孕媽咪的隨機、雙盲試驗（意即：很嚴謹的實驗設計）卻顯示：平均每天攝取117毫克或是317毫克的兩組之間，新生兒的體重與身長並沒有差別。
5. 孕媽咪的攝取咖啡因與胎死腹中、早產、先天畸形沒有關聯。

簡單的結論是：每天孕媽咪飲用不超過兩杯咖啡（咖啡因攝取量不超過200毫克）或是每天不超過四杯茶，並不會影響胎兒的健康。也建議哺育母乳的產婦，每天的咖啡因攝取量以不超過200~300毫克為宜。

孕媽咪一點通

根據研究資料顯示：

1. 每天咖啡因攝取量大於200毫克，流產的機率為2.2倍。
2. 每天咖啡因攝取量大於200毫克，新生兒體重大約減少60公克。
3. 每天喝4～5杯咖啡（咖啡因約為400～500毫克），胎兒過小的機率為1.5倍；每天超過6杯，胎兒過小的機率為1.9倍。「胎兒過小」主要是指身長較短。
4. 然而研究1,200位孕媽咪的隨機、雙盲試驗（意即：很嚴謹的實驗設計）卻顯示：平均每天攝取117毫克或是317毫克的兩組之間，新生兒的體重與身長並沒有差別。
5. 孕媽咪攝取咖啡因與胎死腹中、早產、先天畸形沒有關聯。

18 Q 孕媽咪可以運動嗎？

孕媽咪要開始運動前，請先諮詢妳的產科醫師，評估妳的懷孕情況和妳是否有合併一些內科疾病，而規劃妳的懷孕期間運動內容和強度。

我常覺得：懷孕會讓一位婦女的人格提升，變得更有責任感。大部份的孕媽咪懷孕後都會更注意健康和保養，當然也會先從飲食與運動開始。

常有孕媽咪詢問她可以從事什麼運動？我都會先反問她：「妳平常都做哪種規律的運動？」如果她的答案是慢跑、游泳、騎單車或是有氧舞蹈等等，我就會建議她：「只要妳不覺得太累，也沒有出血現象，還是可以持續妳原來的運動。」不過有些孕媽咪會不好意思的回答：「我平常沒有規律運動啦，現在懷孕了才想要開始運動。」這時候我就會建議她不需要刻意去學習新的運動，只要和以往一樣規律的上班工作，每天可以增加30分鐘的散步或是快走（依個人體力而定）就可以了。

如果要孕媽咪重新去學習一種運動，她就必須開始使用到向來沒有鍛鍊的肌肉和韌帶，加上懷孕時生理的變化，像是體重增加與體型重心改變等，已經讓孕媽咪夠辛苦了，所以「走路」是絕大多數孕媽咪最熟悉的運動，只

要把運動量稍微增加以提高心肺功能，就可以達到運動效果了。

運動前先諮詢妳的醫師

孕媽咪要開始運動前，請先諮詢妳的產科醫師，評估妳的懷孕情況和妳是否有合併一些內科疾病，而規劃妳的懷孕期間運動內容和強度。下列情況是懷孕期間進行有氧運動的禁忌症：像是嚴重的心臟或肺臟疾病、子宮頸閉鎖不全、多胞胎懷孕、胎盤早期剝離、前置胎盤、早產、破水、子癇前症等。

所謂「有氧運動」是指應用到身體的大肌肉群來進行規律性的動作，例如走路、有氧舞蹈、游泳、騎單車等等，有氧運動最有益於增加心肺功能。根據研究資料顯示，孕媽咪每星期應該進行三次有氧運動，平均每次進行43分鐘，運動強度應達到讓心跳數每分鐘144次，並不會造成任何對懷孕的不良影響。美國的「疾病管制與預防中心」則建議孕媽咪每星期進行至少150分鐘、中等強度的有氧運動，例如快走，而這150分鐘的運動時間可以平均分佈於7天之中。孕媽咪進行有氧運動時要多注意環境溫度，穿著不能過熱，也必須充分的補充水分。

游泳運動很適合孕媽咪

懷孕期間的運動方式的選擇必須多加注意，要避免跌倒、避免撞擊、避免過度的壓力變化（例如潛水、2,500公尺以上的登山會造成很大的壓力變化等）。進行各種伸展運動（例如孕媽咪瑜伽）時，因為懷孕生理會造成韌帶或軟骨稍微鬆動，所以孕媽咪操作伸展運動時不要太勉強，如果造成不適，必須請妳的產科醫師幫妳評估。

有氧運動中，「游泳」對孕媽咪是很好的運動，因為游泳會均衡的使用到大肌肉群、不會增加關節的負擔、散熱良好、在水中少有跌倒或撞擊的危險。儘管如此，考慮到「孕媽咪的有氧運動必須均衡的分攤在每一天」，但是要每天固定進行20~30分鐘的游泳並不是那麼容易；所以我建議：每天使用20分鐘的快走，才是最確實可行的孕媽咪運動。

孕媽咪一點通

美國的「疾病管制與預防中心」則建議孕媽咪每星期進行至少150分鐘、中等強度的有氧運動，例如快走，而這150分鐘的運動時間可以平均分佈於7天之中。孕媽咪進行有氧運動時要多注意環境溫度，穿著不能過熱，也必須充分的補充水分。

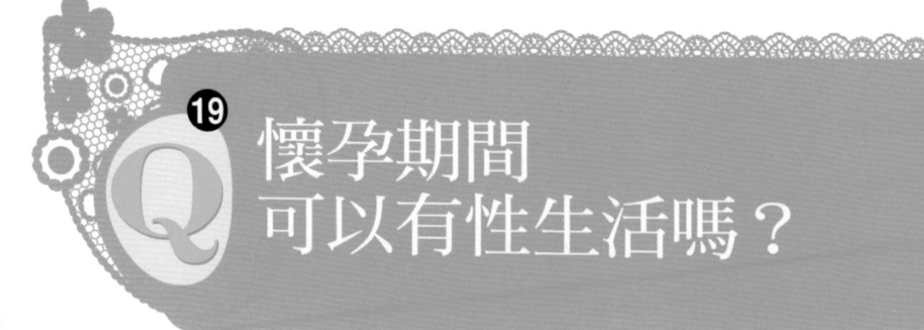

19 懷孕期間可以有性生活嗎？

在沒有流產、早產或破水的懷孕期間，溫柔的性生活是安全的。權威的婦產科期刊報告：在沒有明顯的產科合併症（陰道出血、破水）時，不需禁止懷孕中的性生活，因為它不會增加早產與感染的危險。

從生物醫學的理論上，性交可能經由下列機制對懷孕產生不良影響，甚至誘發產痛：

1. 男性器官對子宮下段的衝擊。
2. 女性到達高潮時腦下垂體會釋放出催產素。
3. 精液中的前列腺素是很強的子宮收縮劑。
4. 增加帶入感染源的機會。

多數的雌性動物已演化出孕期拒絕雄性求歡的本能。但人類卻另外發展出「娛樂本質的性生活」，性愛不再只是為了生殖，而賦有「自娛娛人」更高尚、更融洽的目標。每當孕媽咪問我：「懷孕期間可以做那件事嗎？」我的回答是：「當然可以」。在沒有流產、早產或破水的懷孕期間，溫柔性生活是安全。權威的婦產科期刊報告：在沒有明顯的產科合併症（陰道出血、破水）時，不需要禁止懷孕中的性生活，因為它不會增加早產與感染的危險。

男性戴套對孕媽咪更安全

我建議產婦在性生活之前，最好先以肥皂和清水清洗外陰部，而多採用女性側躺，男性從女性後方，用不會壓迫子宮的姿勢插進陰道。

另外一些實用的小訣竅是：孕媽咪可用親吻、吸吮先生的乳頭、用手撫弄男性器官等等，多用一些前戲來疼愛久旱逢甘霖的先生，如此一來就可以在插入之前就完成性生活的60%的過程；孕媽咪插入之後可以夾緊陰道，正提槍上馬的先生體會之餘，大概很快就會感激涕零。這時候，孕媽咪就可以體認到，平常鍛練的凱格兒運動（Kegel's exercise）可以發揮功力了。

上述的「由後插入、夾緊陰道」也可避免插入太深，以減少男性器官對子宮下段的衝擊。我也建議體貼的先生戴上保險套，不但可以隔絕精液的前列腺素，也可避免帶入感染源。

孕媽咪一點通

我建議產婦在性生活之前，最好先以肥皂和清水清洗乾淨外陰部，而多採用女性側躺，男性從女性後方，用不會壓迫子宮的姿勢插進陰道。也建議體貼的先生戴上保險套，不但可以隔絕精液的前列腺素，也可避免帶入感染源。

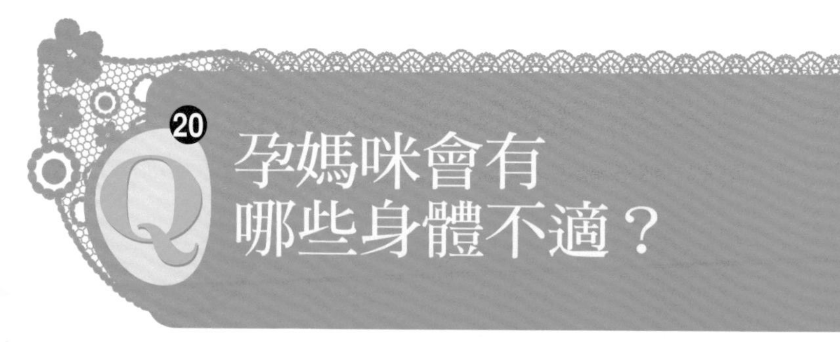

20 Q 孕媽咪會有哪些身體不適？

懷孕期間，孕媽咪不但要適應一些懷孕特有的荷爾蒙變化，而且體型也會不斷改變，造成身體重心的往前移，所以大部份的孕媽咪都會產生腰酸背痛的症狀。

孕媽咪容易下背痛與手腳酸痛

懷孕期間，孕媽咪不但要適應一些懷孕特有的荷爾蒙變化，而且體型也會不斷改變，造成身體重心往前移，所以大部份的孕媽咪都會產生腰酸背痛的症狀。孕媽咪肌肉骨骼系統的酸痛，除了最常見的「下背酸痛」以外，有少部份是由「骨盆關節鬆動」或是「肌腱炎」造成。

懷孕以前就有下背痛問題者，以及前一胎有過下背痛、較年長的孕媽咪和經產婦等，都比較容易產生「下背酸痛」。

孕媽咪為了適應脹大的子宮所造成的身體重心向前移，自然會產生下背的脊柱前凸、頸部往前彎與肩膀下垂，再加上大部份孕媽咪的腹部肌肉並不強壯，無法維持原來的自然姿勢，更加重脊柱兩旁的肌肉的負擔，而產生下背酸痛。下背痛有時候會擴散到臀部甚至大腿後側，少數個案並會疼痛到小腹與大腿前側，大部份在晚上比較痛，尤其在翻身的時候更加重。

下列方法可以減緩下背痛：

1. 鞋子要選擇低跟的，並不一定要完全扁平。

2. 在漫長的一天工作而下背痛嚴重的時候，找休息時間坐下來，雙腳放在一個小凳子上，使膝蓋高於臀部，這種姿勢可以消除脊柱前凸而減緩疼痛。

3. 座椅要選擇有良好靠背，或者使用小枕頭幫忙支撐下背部。

4. 睡覺採用側躺，使用枕頭支撐凸起的腹部，雙膝捲曲以減少下背緊張，如果合併雙膝夾著枕頭效果更好。

5. 適度走路運動可消除腿後肌肉的緊張。

6. 在酸痛的下背部使用熱敷、冷敷、酸痛藥膏或貼布都有幫助，不會影響胎兒和子宮。

睡覺時可以準備抱枕

我常建議孕媽咪側躺睡覺時，要準備一個抱枕，並告訴她們：「往這一邊側躺時抱枕頭，往那一邊側躺時抱老公。」有一位孕媽咪告訴我，她都是這麼做的，只是早上起床時發現枕頭都已經被她踢下床去了。我笑著回答，還好不是把老公踢下床去。

很多孕媽咪都曾經抱怨手心、腳底酸麻，尤其是早上睡醒的時候特別明顯，還好這些腳底酸麻感覺都在起床走動之後就會消失。我常建議會手心酸麻的孕媽咪，一起床就用雙手掌互揉按摩，麻木感很快會就消失。如果這樣的方法還不能改善症狀，有少數的孕媽咪是患有「腕隧道症候群」，這時手的內側會有麻木無力、刺痛、甚至燒灼感，就得要告知妳的產科醫師，有時候甚至必須轉診骨科醫師。

孕媽咪也常會有膝蓋疼痛，大部份都是因為懷孕時產生的鬆弛素（relaxin）造成韌帶鬆弛，而孕媽咪的體重增加與身體重心的改變也會加劇這種不適。懷孕中期以後，受到增大的子宮影響，下肢血液循環變差，而常會有下肢腫脹。還好很少會造成疼痛，只要暫時換穿寬鬆的鞋子就可以了。

孕媽咪一點通

建議會手心酸麻的孕媽咪，一起床就用雙手掌互揉按摩，麻木感很快就可消失。如果這樣的處置還不能改善症狀，有少數的孕婦是患有「腕隧道症候群」，這時手的內側會有麻木無力、刺痛、甚至燒灼感，就得告知您的產科醫師，有時候甚至必須轉診骨科醫師。

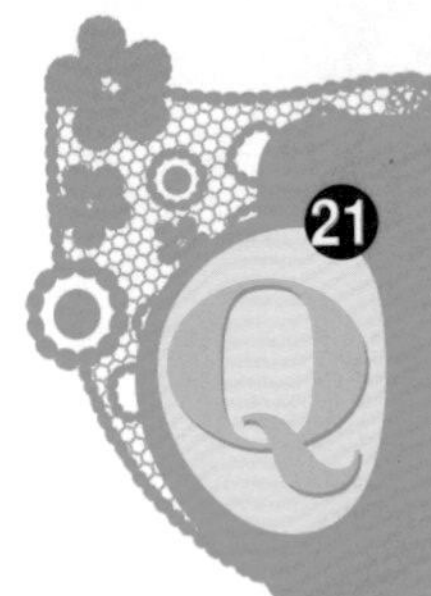

21 Q 孕媽咪容易喘不過氣，甚至會暈倒

懷孕相關的呼吸困難是由於黃體素對大腦的呼吸中樞的作用，它的特點是：不會太嚴重、不會持續幾個鐘頭、會自行緩解、不會合併其他的肺部症狀。

幾乎所有的孕媽咪都曾經感覺快喘不過氣來或是心悸（心跳很快），甚至快要暈倒了，而這些症狀發生的時機並沒有規律性，有些人是在走路中，有些人則是坐著的時候，甚至有些人發生於睡覺中。

懷孕產生的呼吸困難是由於黃體素對大腦的呼吸中樞產生作用，這個症狀的特點是不會太嚴重、不會持續幾個鐘頭、會自行緩解、不會合併其他的肺部症狀（例如咳嗽、哮喘、胸膜炎、胸部疼痛、咳血）。發生這樣的呼吸困難時常因不舒服與緊張而導致心跳很快，脈搏可能高達每分鐘110~120下。

我會建議如果產婦遇到這種情形，可以先用手扶著牆壁、家具等，以避免摔倒或是撞傷；再找個地方坐正身體，慢慢深呼吸5~10秒鐘吸滿一口氣，接下來的5~10秒鐘呼完一口氣，以這樣的操作大約2~3分鐘，懷孕相關的呼吸困難就可獲得緩解。有很少數的孕媽咪會持續的心搏過速，無法用上述方法獲得緩解，這時候孕媽咪應該向妳的產科醫師報告，進一步評估潛在原因，有時候是因為甲狀腺功能亢進或是心律不整引起的。

孕媽咪「心律不整」的機制未明

孕媽咪的「心律不整」常常是懷孕的時候才首度發現，有些則是懷孕前原來就有的心律不整，而在懷孕期間更常發作。懷孕期間心律不整發作增加的機制仍然不清楚，但一般相信和懷孕的血流動態改變、荷爾蒙變化及自主神經調節的變化有關。儘管孕媽咪的心律不整並不算罕見，但大部份的心悸並非心律不整造成。

有研究資料顯示，發生心悸的孕媽咪中只有10%是心律不整造成，其它的90%則是因為懷孕時期心臟的負荷必須增加，生理調適上自然產生心跳加快、周邊血管阻力降低和每次心搏動輸出量增加。醫師會建議患有心律不整的人，避免刺激物，例如抽煙、喝咖啡、喝酒或其他的興奮劑。事實上，沒有証據顯示喝咖啡與心律不整有關，研究資料也顯示：停用咖啡並不會減少心律不整的發作。

孕媽咪一點通

懷孕產生的呼吸困難是由於黃體素對大腦的呼吸中樞產生作用，這個症狀的特點是不會太嚴重、不會持續幾個鐘頭、會自行緩解、不會合併其他的肺部症狀（例如咳嗽、哮喘、胸膜炎、胸部疼痛、咳血）。如果產婦遇到這種情形，可以先用手扶著牆壁、家具等，以避免摔倒或是撞傷；再找個地方坐正身體，慢慢深呼吸5~10秒鐘吸滿一口氣，接下來的5~10秒鐘呼完一口氣，以這樣的操作大約2~3分鐘，懷孕相關的呼吸困難就可獲得緩解。

22 Q 孕媽咪的外表可能會有什麼變化？

「妊娠紋」會在懷孕中、末期出現，大部份會在下腹部的位置，顏色為紫紅色，數量可多可少，也有可能出現在大腿、臀部、下背部、乳房、甚至上手臂。

「妊娠紋」應該是許多孕媽咪共同的假想敵。新手孕媽咪幾乎都會擔心自己會產生妊娠紋，但是在妊娠紋還沒有發生前，又常把肚臍下的「色素沈積線」誤以為是妊娠紋。其實「妊娠紋」出現在懷孕中、末期出現，位置大部份會在於下腹部，顏色一般是紫紅色，數量不一、可多可少，也可能出現在大腿、臀部、下背部、乳房、甚至上手臂。而懷孕的「色素沈積線」則是位於肚臍到恥骨之間的一條深咖啡色的縱貫中線。

有一些孕媽咪為了預防妊娠紋出現，去購買昂貴的妊娠霜積極塗抹。其實會不會出現妊娠紋最大的差別是在於孕媽咪的體質，有些人從來不曾塗過任何妊娠霜，也不會出現妊娠紋；有些人則已經很努力的塗抹了，妊娠紋還是出現。

當一位新手孕媽咪無法預知自己是屬於什麼體質，在充斥市場各種妊娠霜也不見得有效的情況下，最實際的建議就是：「好好的控制體重，不要暴增」，因為腹圍暴增最容易誘發妊娠紋。還好，在生產後數個月到兩年之間，妊娠紋的顏色會變淡，甚至幾乎看不見。

孕媽咪很容易有色素沉澱

懷孕時期的色素沈積更是常見，幾乎所有的孕媽咪都會發生。大部份懷孕的色素沈積是分散在各個局部區域，例如乳暈、乳頭、腋下、生殖器官、會陰部、肛門、大腿內側、和頸部。這些色素沈積要在產後數個月之後才會慢慢消退。全身性的色素沈積非常罕見，如果孕媽咪出現全身性的色素沈積，要請妳的產科醫師幫妳評估，有時候是腎上腺或其他器官的疾病來造成的。

高達4分之3的孕媽咪會出現「黃褐斑（melasma, chloasma）」，這種典型的色素沈積最常出現於雙頰、前額、上唇、鼻子、與下巴，常會產生外觀上的困擾。黃褐斑的出現與遺傳體質有相關，但是經過日曬變得更加劇烈，所以有這種體質的孕媽咪要避免曬太陽。懷孕產生的黃褐斑大約在產後一年內會消失。

「蜘蛛狀血管瘤」容易在第二至五個月出現

有些孕媽咪會產生蜘蛛狀血管瘤，產生此症的比例依照人種不同而異：白種人約有66%，而黑人有11%，亞洲人介於兩者之間。蜘蛛狀血管瘤是粉紅色的病灶，最容易出現在懷孕的第2~5個月，而出現的地方主要在上半身：

臉、脖子、胸部、與上臂。90%的蜘蛛狀血管瘤約在產後3個月內消失。

大部份的孕媽咪會覺得頭髮變得較濃密，這是因為懷孕期間頭髮的毛囊從「生長期（anagen）」轉變到「休止期（telogen）」的速率減緩，所以處於生長期的毛髮相對的增加。在產後1~5個月之間，因為有較多毛髮進入休止期，所以產後的媽咪會感覺頭髮變的比懷孕前稀少，但是大部份在一年左右就會回到正常。

受到懷孕荷爾蒙的影響，孕媽咪的黏膜組織也會容易充血，有時候鼻黏膜和鼻竇黏膜的充血會造成孕媽咪明顯的鼻塞，雖然不會產生任何病變，但會讓孕媽咪不舒服。

孕媽咪貼心話

高達4分之3的孕媽咪會出現「黃褐斑（melasma, chloasma）」，這種典型的色素沈積最常出現於雙頰、前額、上唇、鼻子與下巴，常會產生外觀上的困擾。黃褐斑的出現與遺傳體質有相關，但是經過日曬變得更加劇烈，所以有這種體質的孕媽咪要避免曬太陽。懷孕產生的黃褐斑大約在產後一年內會消失。

23 孕媽咪為什麼容易便祕、頻尿？

孕期間胎盤產生大量的黃體素，黃體素會抑制平滑肌收縮，而子宮和腸道的肌肉都屬於平滑肌，所以黃體素雖然能夠安胎，但是也會造成20~40％的孕媽咪會有便祕的狀況。

孕媽咪容易有便祕問題

懷孕期間胎盤產生大量的黃體素，黃體素會抑制平滑肌收縮，而子宮和腸道的肌肉都屬於平滑肌，所以黃體素雖然能夠安胎，但是也會造成20~40%的孕媽咪會有便祕的狀況。

想要預防便祕，孕媽咪可以多喝水、多食用富含纖維的綠葉蔬菜。有些孕媽咪覺得喝優酪乳可以改善便祕，但是市面上販賣的優酪乳種類很多，每個孕媽咪適合的可能不同，可以嘗試幾種優酪乳試試，不過最好是選用低糖或是不加糖的優酪乳。

如果孕媽咪的便祕症狀太過於頑固，嘗試飲食調整仍無法改善，這時候請孕媽咪要告知妳的產科醫師，必須使用處方藥物來治療。通常治療孕媽咪的便祕產科醫師不會處方瀉劑，只要服用氧化鎂之類的軟便劑就可以了。口服氧化鎂非常安全，曾有一位孕媽咪是屬於大腸特別長的特異體質，便祕非常嚴重，整個懷孕期每天都必須服用四次的氧化鎂，每次兩顆，她的懷孕分娩過程還是非常順利，兩胎的寶寶都十分健康。需要服用到如此大量的孕媽咪非常少，大部分只要睡前服用一次氧化鎂，每次兩顆，隔天就會解得很順暢了。

頻尿和夜尿也是常見症狀

「頻尿（清醒期間需要七次以上的小便）」和「夜尿（睡覺期間多於兩次小便）」的症狀也是孕媽咪常抱怨的。孕媽咪的尿液增加是因為血液量擴張、腎臟血流量增加、與腎絲球過濾量增加造成。

和沒有懷孕的婦女比較起來，孕媽咪在夜晚的時候會排出較多的鈉，所以常會感覺到「夜尿」。頻尿的症狀在早期懷孕三個月內最為顯著，這段期間逐漸增大的子宮都在骨盆中，壓迫膀胱比較明顯。懷孕超過三個月後更增大的子宮會往腹部頂，壓迫位於骨盆內的膀胱反而比較不明顯，所以懷孕中期頻尿情形會改善，但是在懷孕末期又會變得明顯。根據研究資料顯示，86%的孕媽咪在懷孕末期會出現夜尿，這是因為孕媽咪在夜間會排除大量的水分和鈉離子，所以早上起床時下肢水腫的症狀比較改善。

多喝水可以預防膀胱炎

上面說的生理性頻尿並不會合併出現血尿、小便疼痛等膀胱炎的症狀。除了常常會想要解小便以外，「膀胱炎」的典型症狀是剛剛解完小便就馬上想要再解，但是每次解出小便卻只有兩、三滴，有時會合併出現尿道酸痛；如果有這樣的解尿症狀就要告知妳的產科醫師，做尿液檢查以確認是不是膀胱炎。不過如果自然小便所取得的尿液受到陰道分泌物的污染時，就必須使用無菌導尿方法取得尿液檢體，才能得到確認的診斷。

孕婦要避免發生膀胱炎最好的方法就是多喝水份，所以孕媽咪千萬不要害怕頻尿症狀而不敢喝水。要避免夜尿則儘量在白天多喝水，而晚上8點以後就減少喝水量。

孕媽咪一點通

懷孕超過三個月後（中期）孕婦更增大的子宮會往腹部頂，壓迫位於骨盆內的膀胱反而不再嚴重，所以頻尿反而比較不明顯，但是在懷孕末期又會變得明顯。

24 為什麼孕媽咪小腿容易抽筋？

懷孕中期以後，很多孕媽咪曾有過小腿抽筋，尤其好發於半夜睡覺中伸展雙腿時。這可能是因為白天工作時，小腿肌肉內積蓄的代謝乳酸產物而導致。

懷孕中期以後，許多孕媽咪都曾出現小腿抽筋的現象，尤其好發於半夜睡覺中伸展雙腿時，抽筋的原因可能是白天工作時小腿肌肉內積蓄的代謝乳酸產物導致。小腿抽筋的時候請保持冷靜，不要企圖去按摩患部，因為越是刺激患部、抽筋越強烈。最常發生於小腿肚，就是小腿後側肌肉，發生這種情況時孕媽咪可以先平躺，請另一半幫忙一手壓著抽筋那側的膝蓋，另外一隻手溫和的將腳掌前端往孕媽咪頭部方向壓，強迫小腿後側肌肉伸展，一開始小腿會感覺疼痛，但是儘量放鬆讓抽筋患部伸展，1~2分鐘後就不會疼痛了。

孕媽咪發生小腿抽筋時請告知妳的產科醫師，他會替妳開處方服用鈣片，可以預防抽筋。雖然曾有使用安慰劑對照組的研究顯示：補充鈣質並無法預防抽筋，補充鎂才有效果，但是根據大多數產科醫師的經驗，補充鈣質往往能減少孕媽咪抽筋的發生頻率，加上懷孕中的婦女本來就必須補充鈣，所以我常鼓勵孕媽咪補充鈣。補充鈣片唯一的缺點是會增加便祕的機率，所以要鼓勵孕媽咪多喝水，也多進食綠葉蔬菜。

孕媽咪叮嚀

小腿發生抽筋的時候，請保持冷靜，不要企圖去按摩患部，越是刺激患部、抽筋越強烈。孕媽咪可以平躺，請先生用一手壓著抽筋那側的膝蓋，另外一隻手溫和的將腳掌前端往孕婦頭的方向壓著，強迫小腿後側肌肉伸展，一開始小腿會感覺疼痛，但心情放鬆讓抽筋患部伸展，1~2分鐘就不會疼痛了。

25 Q 孕媽咪可以搭飛機出國旅遊嗎？

在妊娠13~20週之間，通常是懷孕期間最穩定的時候，這時已經安然度過了早期懷孕的流產危險期了，害喜的現象也逐漸減緩，而且沒還沒到會擔心早產的月份，所以這段期間出國旅遊大概是最適合的時機。

13~20週之間較適合出國

常有孕媽咪問我：「我可以搭乘飛機出國旅遊嗎？」我會建議在妊娠13~20週之間，通常是懷孕期間最穩定的時候，這時候已經安然度過了早期懷孕的流產危險期了，害喜的現象也逐漸減緩，而且還沒到會擔心早產的月份，所以這段期間出國旅遊大概是最適合的時機。

我記得曾有一位孕媽咪希望在懷孕8~9週的時候出國旅遊，我問她為什麼不能再等一個多月呢？她回答我說：「這是我們的蜜月旅行，所以行程不能再改的。」當然我只能夠衷心祝福她了，並開立一些口服黃體素，囑咐她出國的時候不要太勞累，萬一有陰道出血，就需要多休息並口服黃體素，應該就能避免流產。

孕媽咪出國旅行不可太勞累

當孕媽咪來諮詢搭乘飛機旅行事宜時，我一定會先詢問搭機最長的行程有多久？如果是到東南亞、東北亞等國家，在4~5個鐘頭之內就可以到達的行程，大致上都十分安全，不會太勞累；但如果是到北美、歐洲等等，一趟可能會高達10~13個鐘頭，我通常會建議孕媽咪：**搭機期間要多喝水份，必須至少1、2個鐘頭就要起來上個洗手間、走動一下，當然要遵從機長或空服員的指示，在有亂流來襲時必須留在座位上、繫好安全帶，不要隨意走動，以免摔倒或撞傷。**而孕媽咪坐在座位期間，一定要隨時繫好安全帶，避免無預警的亂流。

對於經常需要長程搭機旅行的孕媽咪，的確有研究顯示早產的危險性會增加。另外也有研究顯示，空服員發生自然流產的機率較高。難怪有些航空公司的政策是，空服員在懷孕期間，必須改成地勤工作。然而，除非孕媽咪本來就有流產或是早產的現象，否則上述偶爾的搭機旅遊大概都是安全的，胎兒的心跳也不會受到改變。除了飛機駕駛、空服員、和非常頻繁的搭機乘客之外，一般人（包括偶而旅行的孕媽咪）搭乘飛機暴露於宇宙輻射線的劑量也都在安全範圍之內。

不同的航空公司可能有各自相異的規定，但是大概的原則如下所述：

懷孕的乘客有責任告知航空公司其懷孕狀況。當乘客在訂購座位時，懷孕的乘客需要符合以下的條件:

1. **懷孕27個星期之內**：航空公司會讓孕媽咪搭乘飛機，而無需醫生的證明。

2. **懷孕28~36個星期**：需要醫生證明她適合旅遊。

3. **懷孕36個星期或以上**：有些航空公司會拒絕載送孕媽咪。

孕媽咪最好搭飛機前再做一次檢查，並請醫生開安全證明。如果孕媽咪為多胞胎，國泰航空與新加坡航空特別規定32週以上就不能搭機，其他航空公司則是比照單胞胎辦理。

孕媽咪一點通

對於經常需要長程搭機旅行的孕媽咪，的確有研究顯示早產的危險性會增加。另外也有研究顯示，空服員發生自然流產的機率較高。孕媽咪最好搭飛機旅行前做一次檢查，並請醫生開安全證明。

26 Q 該不該吃中藥安胎？

（撰文：廖芳儀中醫師）

專業的中醫師不會鼓勵孕媽咪長期服用中藥安胎。尤其是在第一孕期，如沒特殊狀況，仍建議孕媽咪盡量減少服用不必要的中藥，可藉由臥床休息、均衡飲食、充足睡眠等來改善早期懷孕的輕微不適。

部分中藥孕婦不可使用

懷孕的過程中，很多孕媽咪身體不適時，如：感冒、孕吐害喜、腰酸、陰道出血、腹痛等等，都會考慮使用中藥來治療或安胎，但不是所有的情況都適合服用中藥，中醫古今文獻中把某些特定中藥，如麝香、天花粉、薏仁等列為妊娠禁忌或慎用藥物，專業的中醫師針對孕媽咪的用藥時往往會特別留意。

約有16~25%的孕媽咪會發生早期懷孕出血，其中所謂的先兆流產（threatened abortion）定義為：懷孕二十四週內在超音波檢查時胎兒有心跳且子宮頸仍閉鎖的狀態下，而孕媽咪有陰道出血的情況，可能同時伴隨腹痛、腰酸。

在中醫文獻典籍裡，先兆流產歸類為「胎動不安」、「胎漏」，傳統中醫使用中藥安胎的歷史由來已久，因此，當發生先兆流產時，孕媽咪除了會前往西醫婦產科就診之外，也常求助於中醫「安胎」。

建議孕媽咪不要服用中藥

專業的中醫師絕不會鼓勵孕媽咪長期服用中藥安胎。尤其是在第一孕期，如果孕媽咪沒特殊狀況或不適，一般仍建議孕媽咪盡量減少服用不必要的中藥，可藉由臥床休息、均衡飲食、充足睡眠等來改善早期懷孕的輕微不適。

中醫師常使用的安胎藥物多為補腎、健脾、養血、止血的藥物，常用的處方有當歸芍藥散、芎歸膠艾湯、壽胎丸、左歸丸、香砂六君子湯等，但並非所有的孕媽咪都適合，而每種藥物和藥方都有其適應症，必須經過專業的中醫師診斷處方才能夠正確使用中藥。

最容易被誤用來早期安胎的藥方就是『保產無憂散』，坊間俗稱『十三太保方』。然而，根據臨床經驗及文獻考據，『保產無憂散』事實上應該是臨產保胎順產方劑，孕媽咪不宜過早服用，一般中醫師通常會在懷胎六、七個月以後才開立處方給適合的孕媽咪服用，以幫助順產；故建議孕媽咪不應自行購買服用『十三太保方』，用藥前必需諮詢專業中醫師為宜。

孕媽咪一點通

中醫師常使用的安胎藥物多為補腎、健脾、養血、止血的藥物，常用的處方有當歸芍藥散、芎歸膠艾湯、壽胎丸、左歸丸、香砂六君子湯等，但並非所有的孕媽咪都適合，必須經過專業的中醫師診斷處方才能正確使用中藥。

27

孕媽咪需要休「產前假」嗎？

孕媽咪應該要多訓練體力，一旦開始放產前假在家待產，就會減少平日的規律勞動，不但更容易發胖，也沒有鍛鍊體力，生產時反而會表現不好。

孕媽咪產前最好儘量鍛鍊體力

有些孕媽咪會問到「產前假」的問題，我通常不認為必須請產前假，如果公司有「產前假」福利，我會建議她跟公司商量是否把那些福利假延到產後，可以增加餵哺母奶的時間。我擔心每天上班工作的孕媽咪，一旦開始放產前假在家待產，就會減少平日的規律勞動，不但更容易發胖，也沒有鍛鍊體力，生產時反而會表現不好。

我會建議孕媽咪最好是工作到產痛開始才開始請假待產，除非她出現下列的不良情況：

1. 陰道出血。
2. 懷孕36週前曾經檢查到子宮頸擴張或子宮頸很短。
3. 妊娠高血壓。
4. 胎兒生長遲滯。
5. 多胞胎而合併早產。
6. 羊水過多。
7. 以前有過早產的懷孕史。

孕媽咪在工作時也要避免暴露於有機溶劑、鉛、汞、高熱、感染源、腫瘤化學治療藥物、麻醉藥物、輻射放射線中。若有不清楚各種化學成分與安全性，可參考物質安全資料表（material safety data sheet, MSDS），工業安全管理單位要求雇主必須提供 MSDS。

長期面對電腦容易背痛

很多孕媽咪也擔心長時間暴露在電腦螢幕前，是否會受到電磁波影響？其實到目前為止，並沒有研究資料顯示長時間暴露於電腦螢幕下會造成胎兒損傷或懷孕的不良影響。反而長時間工作於電腦螢幕前會因姿勢僵硬而造成手腕疼痛、下背痛等。所以我通常建議孕媽咪每工作 50 分鐘就要起來走動一下、上個廁所、倒杯水等等。

我常告訴第一次做產前檢查前的孕媽咪，如果上班的公司或學校有健康檢查，抽血、驗尿等都可以參加，但是要記得不要拍照 X 光，懷孕早期要避免暴露於放射線下。

但是我看過好幾位憂心忡忡的孕媽咪，帶著公司體檢的檢驗報告單來詢問我，為什麼肝臟檢查值會異常？這時候檢驗報告單上面的「甲型胎兒蛋白（alpha fetoprotein）」的數值以紅色粗體字明顯標出，甚至有些報告會顯示有肝癌的可能等。顧名思義，孕媽咪的甲型胎兒蛋白增加主要源自胎兒，當然會造成孕媽咪的血液檢查值升高。在懷孕期間會高度增加的血液檢驗值還包括鹼性磷酸酵素（

alkaline phosphatase）、三酸甘油脂（triglyceride）和膽固醇（cholesterol）。所以孕媽咪看到這些數據在報告單上呈現紅字時先不要恐慌，請拿去請教妳的產科醫師。

懷孕期間可以做子宮頸抹片檢查

懷孕期間是不是可以做子宮頸抹片檢查？事實上歐美的婦產科教科書中，所謂完整的產前檢查應該包括一次子宮頸抹片檢查。但是台灣的孕媽咪似乎特別恐懼陰道檢查，加上詳盡子宮頸抹片檢查偶會造成子宮頸上皮輕微出血，會造成孕媽咪或家屬的不諒解，誤以為這個檢查是「動了胎氣」，甚至會將常見的自發性流產歸罪於婦產科醫師的陰道檢查，所以台灣的婦產科醫師也都儘量避免為孕媽咪施行陰道檢查。在這種因循苟且的情況下，常會造成一些久治不癒的陰道出血，就誤以為是流產現象、或是安胎安不好，一旦在陰道檢查下，就可以清楚的看到出血的罪魁禍首是子宮頸息肉，根本不是安胎安不好的流血。

孕媽咪一點通

第一次做產前檢查前的孕媽咪，上班的公司或學校有安排做健康檢查，抽血、驗尿等都可以參加，但不要拍照X光，懷孕早期要避免暴露於放射線下。

關於「產前相關檢查」

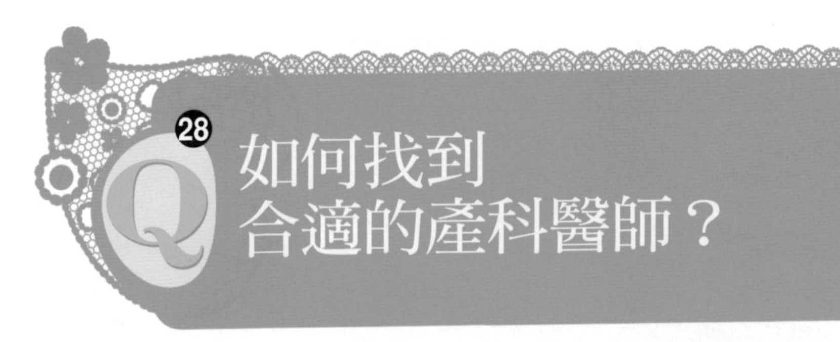

28 如何找到合適的產科醫師？

建議未來的新手爸媽先到「地點與時間都方便妳的診所或醫院」做「懷孕前諮詢」，在那次門診中妳大致上會知道，那位產科醫師的個性跟妳是否容易溝通。

有一次我到住家附近的投票所參加公民投票時，看到一位我幫她接生過的孕媽咪，她很興奮的指著她手上牽著的小孩與她先生懷抱著的嬰兒說：「這兩位都是你生的，我弟婦的寶寶也是你生的哦。」我很高興看到我接生的小孩長得健康美麗，但有點不好意思她這麼說；還好她的先生連忙解釋：「是醫師接生的，不是他生的啦。」 從這小故事我們可以知道，台灣的孕媽咪大部份是親友「口耳相傳」方式介紹的居多。如果妳是一位新手孕媽咪，那麼該如何找到合適妳的產科醫師呢？

對於下列三種情況我的建議是：

1. 正準備但是還沒懷孕的夫婦，可以先到「地點與時間都方便妳的診所或醫院」先做「懷孕前諮詢」，在那次門診中妳大致上會知道，那位產科醫師的個性跟妳是否容易溝通，同時也可以問那位產科醫師是否能日夜接生？要特別叮嚀新手爸媽的是：要把妳們手上有的所有過去病史和抽血檢查的資料都稍作整理、隨身攜帶，讓那位產科醫師馬上就可以評估，也可以省下不必要的重複檢查。

2. 尿液檢查如果出現懷孕反應，第一次考慮去那裡做產前檢查時，我建議還是要到「地點與時間都方便妳的診所或醫院」，找到一位產科醫師。從那次門診之後，如果妳覺得那位醫師不太適合妳，即使妳已經領了「媽媽手冊」，還是建議妳不要馬上接受第一次的產前抽血檢查；儘快再到別的產科醫師的門診就診。

3. 如果妳已經開始接受常規產前檢查了，但還是覺得那位醫師不太適合妳，請儘快找到妳覺得合適的產科醫師，讓她／他能夠全盤熟悉妳的所有產前檢查資料。

簡而言之，幫妳接生的產科醫師應該就是「全程幫妳做產前檢查的醫師」，因為她／他最了解妳的狀況，建議孕媽咪第一次產前檢查就要找到合適妳的產科醫師。產前檢查開始進行了，孕媽咪還想要轉到別的診所或醫院，記得把已經做過的所有產前檢查、血液尿液資料、超音波報告等，收集完整，夾在妳的媽媽手冊中，讓下一位產科醫師可以很快就全盤了解妳的狀況。

孕媽咪一點通

幫妳接生的產科醫師應該就是「全程幫妳做產前檢查的醫師」，因為她／他最了解妳的狀況，建議孕媽咪第一次產前檢查就要找到合適妳的產科醫師。

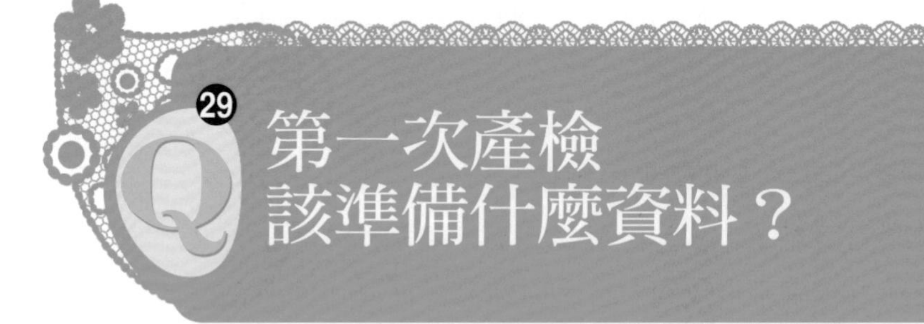

29 第一次產檢該準備什麼資料？

第一次做產檢之前請準備好妳最近幾次的月經日期記錄、婦科相關資料、個人疾病史、家族遺傳史及最近的醫療檢查資料等。

一位新手孕媽咪如果月經過期很多天還沒有要來的生理跡象，或是尿液檢查已有懷孕反應，要做第一次產前檢查之前請準備下列資料，將會幫助妳的產科醫師迅速評估妳的產前健康狀況。

1. 在一張紙上寫上妳最近幾次的月經日期：包括最後一次月經（行經期）的第一天，再上一次的月經的第一天，再上上一次的月經的第一天。

2. 妳的婦產科相關資料：例如懷孕過幾次？流產過幾次，是自然流產或是萎縮性胚囊而接受的治療性流產？並回想那次流產是發生於幾週的時期？妳是否有過子宮外孕？是否曾經被診斷過子宮肌瘤、卵巢腫瘤、子宮內膜異位症、巧克力囊腫、不孕症等。

3. 妳的個人疾病史：是否曾經住院過？如果有，是什麼疾病？發生於哪一年？是否曾經接受過手術？妳本人是否有高血壓、糖尿病、自體免疫疾病（例如紅斑性狼瘡）、心臟病等等。

4. 妳最近的一些醫療檢查資料：包括血液、尿液、X-光檢查報告、超音波檢查報告、病理切片檢查報告或綜合健康檢查報告等等。

5. 妳的家族疾病史：尤其是妳的雙親是否有高血壓、糖尿病？如果有，第一次檢查出來時是幾歲？

6. 家族遺傳病史：妳與妳的先生的家族是否有過什麼確認診斷的遺傳疾病？如果有，是在那個醫學中心檢查出來的？妳是否知道最後的診斷名稱？ 等等。

孕媽咪一點通

妳的婦產科相關資料包含妳懷孕過幾次？流產過幾次，是自然流產或是萎縮性胚囊而接受的治療性流產？您是否有過子宮外孕？是否曾經被診斷過子宮肌瘤、卵巢腫瘤、子宮內膜異位症、巧克力囊腫、不孕症等。

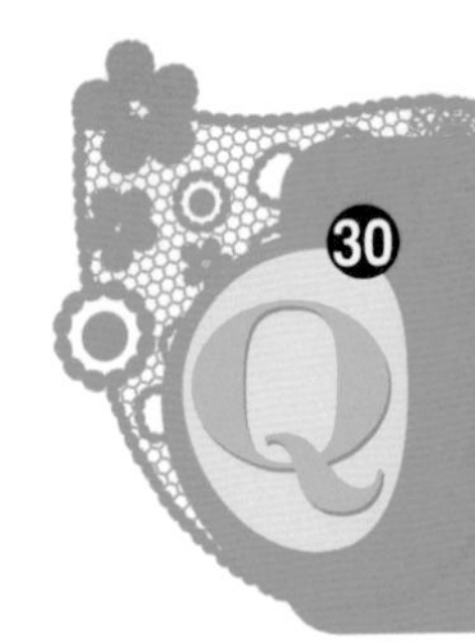

30 「產前檢查」包括那些項目？

每次的產前檢查都會包括：量體重、測量血壓、檢查尿液的糖份與蛋白質。除此之外，第 1 次的免費抽血檢查會包括：血型、紅血球、白血球、血小板及紅血球的各種計算指標、梅毒反應、愛滋病反應、德國麻疹抗體。

身為一位產科醫師，我只要在國內，手機通常都是24小時開機的，睡覺時也會放在伸手可及的床頭櫃上。當產房的值班醫師半夜來電告知我有待產的孕媽咪時，他們會流暢的報告：初產婦（第一胎的孕媽咪）或經產婦（第2胎或以上的孕媽咪）、當時的子宮頸情況（已經開了幾公分）與胎頭高度、子宮收縮的頻率與強度等等，我常會加問一句：「產婦的姓名？」因為在經過完整的產前檢查後，一位產科醫師即使半夜從睡夢中被叫醒，聽到某位孕媽咪的名字，混沌中的腦海中也會浮現出那位孕媽咪的情況。由此可以知道：接受同一位產科醫師的完整產前檢查具有什麼優勢？

一般產前檢查應該有12~14次

從國民健康局發放的「媽媽手冊」所列出產前檢查包括的項目中，完整的產前檢查至少應該有 12~14 次，檢查的週數分別在：5~9週（第1次）、11~12週（第2次）、15~16週（第3次）、20週（第4次）、24週（第5次）、28週（第6次）、30週（第7次）、32週（第8次）、34週（第9次）、36週（第10次）、37週（第11次）、38週（第12次）、39週（第13次）、和40週（第14次），總共14次。

懷孕滿38週就可以稱之為足月妊娠；所以在不含39週和40週時，至少也要有12次。只可惜國民健康局給付的免費產前檢查只有10次，所以接受標準完整檢查的孕媽咪心裡偶會嘀咕：不是使用「媽媽手冊」都可以免費產前檢查嗎，怎麼還請我自付門診費呢？還好在大部份的診所和醫院，自付產前檢查的門診費要比一般的婦科門診費用來得低。

每次的產前檢查都會包括：量體重、測量血壓、檢查尿液的糖份與蛋白質。除此之外，第一次的免費抽血檢查會包括：血型、紅血球、白血球、血小板及紅血球的各種計算指標、梅毒反應、愛滋病反應、德國麻疹抗體。

一旦（第1次）產前檢查門診的超音波檢查偵測到胎兒心跳後，我就會建議孕媽咪領取「媽媽手冊」，這個手冊中摘錄著許多重要的訊息，非常值得孕媽咪詳細閱讀。接下來，我幾乎都會建議暫時不要做第一期的抽血檢查，留到懷孕11週（第2次）才與第一孕期唐氏症篩檢的抽血檢查部分一起做，這樣孕媽咪可以減少1次抽血的疼痛。

在15~16週（第3次）產前檢查中，我會建議孕媽咪接受第2孕期唐氏症篩檢（所謂4指標抽血檢查）。大部份的孕媽咪和家人都很期待20週（第四次）的產前檢查，因為那次會包含一次免費的超音波胎兒生物測量，可以大致評估四肢的發育，測量頭圍、胎頭寬度、腹圍、與大腿骨長度，預估胎兒體重，並偵測心臟的4個腔室，和是否發生兔唇？在24週（第五次）和28週（第六次）的產前檢查則是做糖尿病篩檢的好時機，這個抽血檢查可以和孕媽咪的B型肝炎抽血檢查一起做，又可以少紮針痛一次。

從妊娠28~36週之間，建議孕媽咪每兩個星期檢查接受一次產前檢查。30週（第七次）和32週（第八次）的產前檢查重點在於評估胎頭是否朝下方，胎兒的頭朝下就是所謂「胎位正常」。如有「胎位不正」的情形（參見「Q50」），就會建議孕媽咪做「膝胸臥式」，常有助於胎頭轉向下方，但如果到了34週（第九次）還是維持胎位不正，抬頭轉下來的機率就比較少了。

從妊娠36~40週之間，我都會建議孕媽咪每一個星期檢查接受一次產前檢查。於36週（第十次）的產前檢查，我就會幫孕媽咪從陰道口與肛門口做「乙型鏈球菌篩檢」，這個檢查步驟聽起來似乎令人緊張，實際上它是一個耗時幾秒鐘、完全無痛的操作。

產前孕媽咪要開始多運動

在37週（第十一次）到40週（第十四次）的產前檢

查，我就會開始提醒孕媽咪不要胖太多，鼓勵孕媽咪多運動，並告知孕媽咪與先生什麼是生產的徵兆，如何分辨肚子硬成一團到底是子宮收縮或只是胎兒伸展？如果到了懷孕40週（第十四次），我就會幫孕媽咪做陰道內診，來評估子宮頸的成熟度與抬頭下降的程度。從懷孕38週以後，我就會恭喜孕媽咪：「現在胎兒已經成熟，隨時可以生下來了。所謂萬事俱備，只等待妳的子宮開始收縮了」。

孕媽咪一點通

從妊娠28~36週之間，建議孕媽咪每兩個星期檢查接受一次產前檢查。30週（第7次）和32週（第8次）的產前檢查重點在於評估胎頭是否朝下方，胎兒的頭朝下就是所謂「胎位正常」。如有「胎位不正」的情形，就會建議孕媽咪做「膝胸臥式」，常有助於胎頭轉向下方，但如果到了34週（第9次）還是維持胎位不正，抬頭轉下來的機率就比較少了。

31 Q 如何做好產前檢查？

最好要固定給一位妳信賴的、跟妳可以溝通良好的產科醫師，一起來完成全程的產前檢查。在通過這樣系統性的篩檢各種懷孕相關疾病之後，胎兒的健康與發育已有相當的把握。

日常生活要多注意安全

前面我們已經討論了產前檢查的內容與各次的重點項目，接下來要提醒孕媽咪如何做好產前檢查。最大的提醒重點在於：最好固定給一位妳信賴的、跟妳可以溝通良好的產科醫師，一起來完成全程的產前檢查。

通過醫院完整的系統性篩檢各種懷孕相關疾病之後，對胎兒的健康與發育已有相當的把握。而且，在經過這10~14次不等的產前門診的互動之後，妳的產科醫師對妳的認識，也熟悉到了半夜被叫起來也記得妳的產前記錄；相信孕媽咪心理也已經充分準備一次優雅的分娩了。

產前檢查老公們最好陪同

每次的產前檢查門診，我都非常鼓勵先生參與，他們常常可以幫助孕媽咪記得要問的問題。我也很鼓勵孕媽咪在居家、工作的時候，把想到要問的問題一條一條記下來，我非常樂意以這種有效率的方式，來回答孕媽咪所遇到的一些問題；我相信所有的產科醫師也都樂意提供這樣的服務。

我深深覺得，讓寶寶的爸爸、哥哥或姊姊一起參與產前檢查，是現代家庭中最好的親子活動，尤其有助於小哥哥、小姊姊心理的準備，迎接一個小妹妹或小弟弟。

雖然孕媽咪和爸爸大多非常興奮看到胎兒的成長和活動力，但是胎兒的小哥哥或小姊姊大多對超音波的黑白螢幕不太感興趣。當然也有例外，有一對姊弟坐在雙人座的娃娃車，跟著媽媽來產前檢查門診時，還不會說話的小弟弟為了爭奪一張胎兒的超音波相片，伊伊唔唔的、激烈的和小姊姊大聲爭吵。那次之後，我就記得一定要印出兩張同樣的像片，一人一張，我永遠會記得兩位小朋友那種期待和滿足的眼神。

曾經有些流言說：孕媽咪使用汽車安全帶容易勒傷胎兒，更有謠言建議孕媽咪最好關掉汽車的安全氣囊，這些都是錯誤而且危險的。事實上，孕媽咪開車或乘車都必需繫好安全帶。孕媽咪必須使用「3點式汽車安全帶」，就是同時有一條斜跨過胸前的肩帶（shoulder belt）、和一條固定在骨盆前方的大腿帶（lap belt）的那種。孕媽咪使用時，肩帶必須置於雙乳之間而在子宮側面；而大腿帶必須置於子宮下方。研究資料顯示：不幸發生車禍時，繫好安全帶的孕媽咪和胎兒都明顯的獲得保護。

曾經有一個大規模研究汽車安全氣囊對孕媽咪的影響，總共分析了1,000位坐在沒有配備安全氣囊的汽車的孕媽咪和2,000位搭乘配備有安全氣囊汽車的孕媽咪，在發生車禍之後，安全氣囊的射出和早期子宮收縮有明顯相關，但卻和早產無相關。所以美國婦產科學會強烈呼籲孕媽咪不要關掉汽車的安全氣囊。

孕媽咪一點通

小寶寶的爸爸、哥哥或姊姊也可以一起參與產前檢查，是現代家庭中最好的親子活動，尤其有助於小哥哥、小姊姊心理的準備，迎接一個小妹妹或小弟弟，而且大多數的爸爸都會非常興奮及感動能看到胎兒的成長和活動。

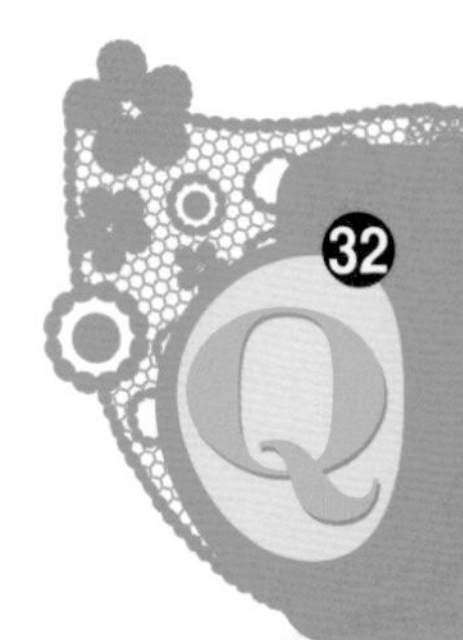

32

如何檢測出「地中海貧血」？

造成地中海貧血的血色素基因異常機制已經清楚。對於患有輕度地中海貧血的夫婦，我們能夠用基因檢測的分子診斷，來評估胎兒是否有嚴重的地中海貧血。

在做產前檢查的免費抽血檢查以後，許多平常很健康的孕媽咪都會很驚訝自己竟然有貧血。然而大多數這些孕媽咪的貧血是屬於「生理性貧血」。生理性貧血是因為懷孕生理變化造成「血液總體積的增加量」比「血球體積的增加量」還多，造成血液好像被稀釋了，又稱為「懷孕的稀釋性貧血」。

「地中海貧血」是遺傳疾病

判讀血液檢查數值時，產科醫師除了參考血色素資料之外，還會注意平均血球體積（MCV），如果血色素很低，加上MCV也小於80，產科醫師就會評估孕媽咪是否真的有貧血。部份的貧血是屬於缺鐵性貧血，必須多補充一些鐵質；但有少數孕媽咪的貧血是屬於地中海貧血，這時候我們就會篩檢先生是否也有貧血？如果先生沒有貧血，即使胎兒也遺傳到媽媽的異常血色素基因，貧血程度頂多跟媽媽一樣，並無大礙；如果先生的血液檢查數值也懷疑有地中海貧血，胎兒就有罹患嚴重地中海貧血的危險機率，值得進一步評估。

地中海貧血是一群遺傳性的血色素疾病，因為各種血色素基因的變異造成。如果孕媽咪和先生都帶有異常血色素基因，胎兒可能會產生嚴重地中海貧血，粗略分為甲型和乙型地中海型貧血。嚴重的甲型地中海型貧血，會造成胎兒水腫而胎死腹中；而嚴重的乙型地中海型貧血的胎兒，雖然在子宮內可以正常成長，但是在出生6個月後就會出現嚴重貧血，必須靠長期輸血來維持生命，而大部份會在5歲前死於各種併發症。

地中海貧血可靠基因檢測

因為造成地中海貧血的血色素基因異常機制已經清楚，所以對於患有輕度地中海貧血的夫婦，我們能夠用基因檢測的分子診斷，來評估胎兒是否有嚴重的地中海貧血。根據研究資料顯示，地中海沿岸一些國家（塞浦路斯、薩丁尼亞、義大利、希臘）在實施產前分子診斷之後，嚴重乙型地中海型貧血的新生兒數目已顯著減少。

台灣的各大醫學中心都提供地中海貧血異常血色素基因的分子診斷，在懷孕10~12星期可經由絨毛膜的檢查（chorionic villus sampling,CVS）；懷孕16~18星期可經由羊膜穿刺來取得胎兒檢體，進行異常血色素基因的分子診斷。

經由上述的貧血篩檢與精確的分子診斷，我們已經可以避免嚴重地中海貧血新生兒的家庭悲劇。更進一步的生物科技發展，我們甚至可以在胚胎尚未植入孕媽咪的子宮之前，就可以篩檢出完全正常的胚胎，這就是所謂著床前基因診斷（pre-implantation genetic diagnosis,PGD）。

孕媽咪一點通

造成地中海貧血的血色素基因異常機制已經清楚，所以對於患有輕度地中海貧血的夫婦，我們能夠用基因檢測的分子診斷，來評估胎兒是否有嚴重的地中海貧血。

33 Q 孕媽咪尿糖值過高與尿蛋白質的意義？

即使在沒有腎臟疾病和糖尿病的情況下，孕媽咪也很容易出現糖尿。所以，不能光是以出現幾次的糖尿，就診斷孕媽咪患有糖尿病（懷孕期間糖尿病的診斷）。

每次產前做尿液檢查的時候，許多孕媽咪都會擔心偶爾出現的尿糖或尿蛋白；事實上，這些大部份是正常的懷孕腎臟變化造成的。有一些則是因為尿液採集過程中受到污染，我們每次尿液檢體的採集都會請孕媽咪收集「中段尿液」，因為中段尿液比較不會受到陰道或外陰部的污染。檢體採集的過程上，並不是請妳小便到一半停下來，而是請妳在一次順暢的小便過程中，移動尿液採集杯來控制只收集到中段小便。這個操作過程很難在坐式馬桶上操作，所以建議使用「蹲式馬桶」。

孕媽咪經常出現糖尿

當孕媽咪檢驗出糖尿時不用過度擔心，因為懷孕期間由於腎臟的血管容積和間質體積變大，孕媽咪的腎臟比沒有懷孕時大約增長一公分，整個腎臟的體積大約增加30%。而懷孕期間也因為心臟輸出和腎臟血流量的增加，讓腎絲球過濾率大為增加；加上腎絲球基底膜的通透性增加、腎小管對於糖、氨基酸、微小球蛋白的回收率降低，所以即使在沒有腎臟疾病和糖尿病的情況下，孕媽咪也很容易出現糖尿。所以，不能光是以出現幾次的糖尿，就診斷孕媽咪患有糖尿病（參見「Q38」）。

尿液快速試紙容易有誤差

尿液的快速試紙檢查對於蛋白尿的結果，可分為：陰性（正常）、+／-（每100毫升尿液含有蛋白質的濃度為15到30毫克，15~30 mg/dL）、1+（30~100 mg／dL）、2+（100~300 mg/色dL）、3+（300~1000 mg／dL）、4+（> 1000 mg／dL）。這種檢驗方法雖然非常方便，但是常會出現假陽性和假陰性。尤其在孕媽咪的尿液中，很容易出現蛋白尿；所以，如果孕媽咪的尿液出現幾次+／-、1+、或是2+，在沒有合併高血壓的情況下，大概都是正常的懷孕的生理反應。通常遇到這個情形，我一般會建議孕媽咪稍微減少食鹽的攝取，以降低腎臟的負擔。如果每次的尿液檢查都出現蛋白尿，甚至合併其他症狀，例如水腫、高血壓等，妳的產科醫師會幫助妳評估是否合併有腎臟疾病或是妊娠高血壓。

懷孕期間身體分泌的大量黃體素，有時候也會導致孕媽咪的腎盂（位於腎臟中間暫時匯集尿液的空間）和輸尿管稍微的擴張，尤其在右邊的腎臟特別明顯。根據醫學研究指出：孕媽咪的腎盂和輸尿管的擴張，有時候會造成高達

300毫升的尿液滯留，滯留的尿液容易變成細菌滋長的溫床，所以孕媽咪容易發生腎盂腎炎，尤其好發於右側的腎臟。腎盂腎炎的典型症狀是：單側的下背酸痛，一般合併有發高燒。一旦確定診斷，必須住院接受抗生素治療。

孕媽咪一點通

尿液的快速試紙雖然非常方便，但是常會出現假陽性和假陰性。尤其是孕媽咪的尿液中很容易出現蛋白尿；所以，如果孕媽咪的尿液出現幾次+/-、1+、或是2+，在沒有合併高血壓的情況下，大概都是正常的懷孕的生理反應。通常我都會建議孕媽咪稍微減少食鹽的攝取，以降低腎臟的負擔。

34

「唐氏症篩檢」是必要的嗎？

> 唐氏症好發於年紀較大的孕媽咪。臺灣地區約每700個新生兒就會有1位唐寶寶，唐寶寶的誕生會造成家庭心理和經濟極大的負擔，所以要盡力預防這樣不幸的發生情況。

唐氏症（Down syndrome）寶寶（唐寶寶）的徵狀包括：智能低、舌頭外突易流口水、四肢短小、馬鞍鼻、斷掌、合併多重器官畸形。造成唐氏症的原因是由於第21對染色體多出1條，它並不是遺傳疾病，常見的原因是老化的卵細胞在形成的時候，應該要分離的兩條染色體沒有正常分離，而造成胎兒的21對染色體發生3套體，所以唐氏症好發於年紀較大的孕媽咪。臺灣地區約每700個新生兒就會有1位唐寶寶，唐寶寶的誕生會造成家庭心理和經濟極大的負擔，所以要盡力預防這樣不幸的發生情況。

雖然高齡產婦是唐氏症的高危險群，但是因為現今台灣衛生教育的普及，除非孕媽咪沒有接受產前檢查，否則越來越少唐寶寶的誕生是由高齡產婦而來，因為產科醫師針對高齡產婦都會安排羊膜穿刺檢查來確認診斷；因此，唐氏症篩檢的重點族群逐漸轉移到非高齡產婦，因為年輕的孕媽咪反而容易疏忽這個危險性。

34~36歲的孕媽咪可選擇唐氏症篩檢

國民健康局認定年滿34歲以上的產婦為高齡產婦，而部分補助她接受羊膜穿刺染色體檢查的費用。但是因為羊膜穿刺檢查，終究是一種侵襲性檢查，所以34~36歲的孕媽咪，也可以用唐氏症篩檢來取代羊膜穿刺檢查；但如果孕媽咪已經滿37歲，生下唐寶寶的危險機率為242分之1，這個年紀本身就已經把她歸於高危險群，一般我會建議直接安排羊膜穿刺檢查。而至於34歲以下的孕媽咪，我會建議全面接受唐氏症篩檢。

唐氏症篩檢只利用一些非侵襲性的檢查，例如分析孕媽咪血液和胎兒的超音波檢查；雖然它得到的結果不是確認的染色體診斷，但是能夠篩檢出最需用進一步接受侵襲性檢查的族群，可以大幅減少侵襲性檢查的必要性。

目前被証實最有效率的唐氏症篩檢包括：在懷孕11~13星期操作的第一孕期篩檢（包含兩項母血檢驗和胎兒的超音波檢查頸部透明帶）、和在懷孕15~20星期操作的第二孕期篩檢（包含4種母血檢驗值）。上述的第一孕期唐氏症篩檢，包括了一次超音波測量胎兒頸部透明帶（NT）的厚度，雖然這種早期的超音波檢查重點在於頸部透明帶，但是通過專門認証的醫師在超音波檢查中，也會有機會提早偵測到胎兒的囊性水腫（cystic hygroma）和神經管缺損。

上面說的這兩個篩檢（第一孕期和第二孕期）都做的情況，稱為「整合型篩檢」，我建議每位孕媽咪都接受「整合型篩檢」，也就是說：即使第一孕期篩檢的檢查報告是落在低危險群（小於1／270），我建議還是要做第2孕期篩檢。如果有1項的篩檢是落在高危險群（大於1／270），我就會安排羊膜穿刺檢查，以獲得確定染色體診斷。因為所有的篩檢都會有產生假陽性或假陰性的機率，然而第一個篩檢出現假陰性，並不會影響第2個篩檢同樣出現假陰性的機會，所以，倒楣到兩個篩檢都出現假陰性的機率，就非常非常低了，**研究資料也顯示：整合型篩檢能獲得唐氏症最高的檢出率**。

我常常告訴孕媽咪：「懷孕這麼辛苦，值得應用所有我們確信有效的方法，來排除任何胎兒異常的情況。」所以只要出現一個高危險機率的檢查結果，我就會建議安排羊膜穿刺以獲得確診。所以當有些孕媽咪在其它的醫療機構已經有高危險群的篩檢結果，想要到醫學中心再做一次篩檢，我都不贊同這樣的想法，而會勸她應該要安排羊膜穿刺，以獲得確定的染色體診斷。

新科技已經可以利用血液分析

現代生物科技發展非常迅速，已經有研究報告顯示，可以利用各種方法來分析孕媽咪血液中存在的游離性胎兒DNA，最後的目標是：只需用分析孕媽咪血液的胎兒DNA，就可以確診（不只是篩檢）胎兒的染色體異常個數（aneuploidy）。應用最先進的「高通量、平行性核酸定序」

科技，已有生物科技公司提供上述分析服務。因為這個科技仍然在快速發展階段，雖然現在的服務項目只針對常見的染色體（21、18）進行著三套體分析，而且價格仍然昂貴，也還無法被普遍接受；但從科技進步的腳步來預測，在數年之內，應該有機會變成可以普遍接受的檢查。

孕媽咪一點通

孕媽咪們可以做唐氏症篩檢，利用一些非侵襲性的檢查，例如分析孕媽咪血液和胎兒的超音波檢查；雖然它得到的結果不是確認的染色體診斷，但是能夠篩檢出最需用進一步接受侵襲性檢查的族群，可以大幅減少侵襲性檢查的必要性。

35 Q 什麼是「羊膜穿刺檢查」？

> 羊膜穿刺檢查是藉由取得羊水細胞（就是飄浮在羊水中的胎兒細胞），經過體外細胞培養後，可以在顯微鏡下直接分析染色體，以檢視寶寶染色體是否異常。

當產科醫師強烈懷疑胎兒有染色體異常時，就會建議透過羊膜穿刺檢查，取得羊水細胞（就是飄浮在羊水中的胎兒細胞），經過體外細胞培養後，在顯微鏡下直接分析染色體。

羊膜穿刺檢查獲得的染色體資料包括所有23對染色體，涵蓋了下列的常見染色體個數異常：第21對染色體的三套體（唐氏症）、第18對染色體的三套體（愛德華症）、第13對染色體的三套體（巴陶症）、缺少1個X染色體的女生（透納症）、多1個X染色體的男生（柯林飛德症）、和其他比較罕見的染色體個數異常，也可以偵測出大片段的染色體轉位或缺失。

現在幾乎所有的羊膜穿刺檢查都是直接在超音波引導下操作，可以完全避免傷害到胎兒。然而，就和任何的侵襲性醫學檢查一樣，羊膜穿刺檢查也具有其危險性，主要是造成破水、甚至流產。一般學者建議：在懷孕15~17星期可以操作羊膜穿刺檢查。從我個人的臨床服務中發現：

即使在唐氏症篩檢結果屬於高危險群的孕媽咪，羊膜穿刺的染色體分析結果還會有8成以上的染色體數目正常，在這種有正常胎兒機率比較大的情況下，應該以胎兒安全為第一考量，晚一個星期得到染色體資料並無大礙；所以我大多安排孕媽咪在17~18星期才做羊膜穿刺檢查，以儘量將破水、流產的機率降低。

如果孕媽咪本身是Rh陰性血型，在接受羊膜穿刺檢查後，必須馬上施予Rh免疫球蛋白（RhoGAM）的注射。帶有B型肝炎的孕媽咪也許會擔心「操作羊膜穿刺這時候，會不會垂直傳染B型肝炎給胎兒？」，根據研究資料顯示：接受羊膜穿刺檢查並不會增加肝炎垂直感染的機會。

因為羊水細胞必須經過體外培養數天，才能分析細胞分裂中的染色體，所以一般報告需要2~3個星期才能出來。有下列一些方法可以克服這樣的限制，例如：使用螢光原位雜交技術（fluorescent in situ hybridization, FISH）可以在數天之內，快速分析容易發生數目異常的染色體（21、18、13、X、Y），但是這樣的快速資料，一般建議必須用常規染色體檢查做最後的驗証。如果希望一次快速分析全部23對染色體，也可以從羊水細胞直接萃取DNA，進行「基因晶片」的分析，大約於1星期之內可以獲得結果。上述的快速檢查都必須使用到額外的檢查試劑，所費不貲，所以常規的染色體檢查，還是最常被接受的。

「染色體數目正常」不等於「基因正常」

仍然有一些孕媽咪會將「所有染色體數目正常」誤解成為「所有基因正常」，這個差別很大。根據估計，人類的基因有22,000個，而我們當今只能確認1,000個基因所造成的遺傳性疾病。假設每個染色體都是一樣大小（事實上不是的），則每1個染色體平均會有1,000個基因，所以當胎兒染色體的數目異常，妳就可以想像有多少基因會受到影響；相反的，胎兒的染色體數目正常，並不能保証任何1個染色體上面的基因都是正常。

還有其他方法可以用來取得胎兒來源的檢體以分析染色體，例如「絨毛膜取樣（chorionic villi sampling, CVS）」可以在懷孕10~12週之間操作；「胎兒臍帶血取樣（cord blood sampling / cordocentesis）」可以在懷孕中期到末期的時候操作。這些檢查都有其不同的適應症與風險，請諮詢妳的產科醫師。

孕媽咪一點通

一般學者建議：懷孕15~17星期可以操作羊膜穿刺檢查。但是從我個人的臨床服務中發現：即使在唐氏症篩檢結果屬於高危險群的孕媽咪，羊膜穿刺的染色體分析結果還會有8成以上的染色體數目正常，所以應該以胎兒安全為第一考量，我建議孕媽咪在17~18星期再做羊膜穿刺檢查，儘量將破水、流產的機率降低。

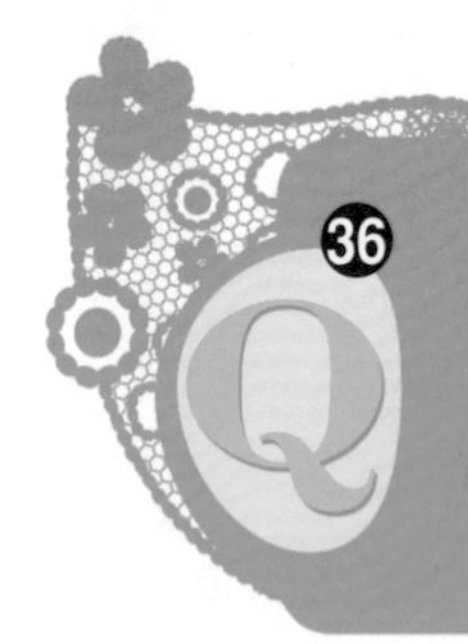

36 Q「高層次超音波」和「4D立體超音波」不同？

高層次超音波可以檢查嬰兒是否先天性心臟病結構異常，又稱為「胎兒心臟超音波」。4D立體超音波可清楚拍出胎兒表面結構，如臉龐、手指頭和腳趾頭等。

高層次超音波可以檢查先天心臟異常

有人說超音波是婦產科醫師的第三隻眼。懷孕的孕媽咪在20週左右時，國民健康局會給付一次超音波「胎兒生物測量」，測量胎兒的各種生長指標，例如頭圍、頭寬、腹圍、大腿骨長度，並根據這些資料來計算胎兒體重，並將這些數值對照到各個懷孕週數的參考值，以評估胎兒發育是否合乎其週數；還會評估心臟的兩個心房和兩個心室，脊椎骨大概的完整度，以及是否有兔唇等。

上述的「胎兒生物測量」功能就像一個胎兒發育的影像學篩檢，如果這個篩檢看到值得懷疑的影像學標記，產科醫師就會建議做「高層次超音波」。一般高層次超音波會安排在22~24星期之間，因為有些器官的微細結構，要到這個週數才比較清楚。高層次超音波可以檢查嬰兒是否先天性心臟病結構異常，所以又稱為「胎兒心臟超音波」。不過高層超音波必須自費，而且價格頗為昂貴，當然也包括進一步的掃瞄胎兒其他器官，包括：腦部（腦的各個結構的測量、腦血管）、肢體（包括數手指頭和腳趾頭）、數脊椎骨的個數、腎臟、耳朵、臍帶的血管等。

4D立體超音波可以拍出寶寶五官

有些孕媽咪會要求自費檢查「4D立體超音波」，所謂「4D」就是3D（立體——長、寬、高）加上第4個象限——時間，也就是「即時間立體超音波」。比較適合4D立體超音波的檢查時間是懷孕26~28星期，這時候胎兒成長到將近1,000公克，而還沒有太大到塞滿了整個羊水腔，所以還有足夠的羊水空間，可以清楚拍出胎兒表面結構，例如臉龐、手指頭和腳趾頭等等。因為是真實時間的動態立體影像，一般民眾不需要醫學背景，就很容易可以了解影像，所以一般操作的醫師會擷取部份影片、燒錄在光碟片上，孕媽咪可以在家裡電腦瀏覽那些影片。胎兒生出來之後，爸爸媽媽整天都看得到，不需要再去放映胎兒影片；然而，對肚子裡的寶寶來說，這個影片是日後它唯一可以回顧它自己在子宮內生活的紀錄。

這兩項自費的超音波檢查，雖然所費不貲，但有越來越多的孕媽咪會要求要作；但她們常常不了解這兩項超音波的差別優勢，在門診問我時，我常常簡單歸納成：「胎兒心臟超音波是診斷力較強，4D立體超音波則是紀念意義較濃厚。」然而，就像所有的醫學檢查一樣，超音波影像學檢查也有它的極限。即使這些昂貴的檢查沒有偵測到異常，並不表示那些器官日後的功能就一定完美，這是所有孕媽咪要砸下金錢、自費檢查之前必須有的認知。

孕媽咪一點通

一般高層次超音波會安排在22~24星期之間，因為有些寶寶器官上的微細結構要到這個週數才比較清楚。因可以檢查嬰兒是否有先天性心臟病結構異常，所以又稱為「胎兒心臟超音波」。也包括進一步的掃瞄胎兒其他器官，包括腦部、肢體（包括數手指頭和腳趾頭）、數脊椎骨的個數、腎臟、耳朵、臍帶的血管等。

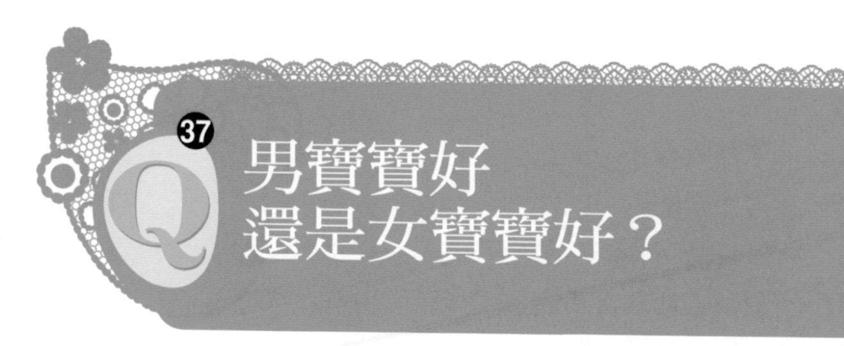

兩個小孩恰恰好，尤其是以同樣的性別更好。兩位姐妹或是兩位兄弟在成長的過程，比較能有共同的談話題材。

每次做產前檢查時，產科醫師大概都會「用超音波稍微掃瞄一下」。在懷孕三、四個月作這種快速掃瞄的時候，許多孕媽咪就會問：「是男生、還是女生？」對於這種問題，我的答案往往是：「還看不清楚。」有些孕媽咪或是家屬就會嘀咕：「我的朋友說，某某醫師在懷孕3~4個月就看得出性別來……」她們的心理大概在懷疑：「妳當婦產科醫師都已經當到教授了，還不會看性別？」我猜得到她們的疑問，我常常就笑問她們說：「早一點知道胎兒是男生或女生，難道就可以退貨或更換嗎？」看到她們失望的表情，我會補充說：「國民健康局給付的懷孕20週左右的胎兒掃描，也許可以看出胎兒性別，但更重要的是可以看出有沒有兔唇、四肢的生長情況、評估胎兒體重等等。」

醫師依規定不能告知寶寶性別

在民國100年11月，全國的各級醫院的婦產科和婦產科診所都收到一份來自衛生署的正式公文，明文禁止產科醫師告知產婦胎兒的性別，孕媽咪都不相信會有這種規定，所以我們只好影印這份公文，放在每一個診察室。大部份的孕媽咪都非常不滿這項規定，更有孕媽咪嘀咕說：「不知道胎兒性別，要怎麼生？」

我曾經收到桃園縣衛生局寄給我一份信函，通知我在某段期間中，接生的新生兒男、女比例超過異常，警告我：「為孕媽咪篩檢胎兒性別是犯法的，情節嚴重的話可以……」我看了這封信，笑一笑就把它放到抽屜裡了。沒想到，過了兩個星期，果真有一位衛生局官員親自到我的門診會談。我據實告訴那位官員，我一向不知道：我接生的新生兒是男生多？還是女生多？我相信，可能是因為這段期間，衛生局抽樣數目不夠，而誤導出統計資料偏差，大概再過一陣子，這種資料偏差就會消失了。

生男生女都是喜事

現代的家庭大多計畫生兩位小孩，而許多人都希望有一男一女，如果不是一男一女，傳統上也希望是兩個兒子。但是最近也聽到一個新趨勢，有些現代父母反而比較希望生女兒。事實上，大部份的爸爸比較疼愛女兒。令我印象深刻的還有一位爸爸，左右手各抱著一位女兒，帶著妻子來為第3胎做產前檢查，雖然已經知道胎兒是女生，這位爸爸也是笑瞇瞇的對我說：「雙手各抱一位女兒，接下來的第三位女兒只好用嘴巴叼著了」，自然流露出「有女萬事足」的幸福神情。

我常覺得兩個小孩恰恰好，尤其是同樣的性別更好。兩位姐妹或是兩位兄弟在成長的過程，比較能有共同的談話題材。我自己有兩位女兒，她們從小就有許多小女生的、不足為外人道的小祕密。在兩位女兒的小學、中學期間，我很慶幸能找到時間與她們相處，例如帶著她們去露營、釣魚、游泳、打球等等。我心裡想，我應該已經善盡做父親的角色了吧！一路陪著她們成長；直到最近，我的妻子才告訴我「真相」。有一次她們三人談話時，媽媽問兩位女兒：「妳們的爸爸，不曉得會不會為了沒有兒子而遺憾？」兩位女兒回答：「為什麼會呢？我們一直都盡量扮演兒子的角色，陪著他去露營、釣魚啊！」原來我以為：我是擠出時間來陪伴她們成長的；她們卻是努力扮演出兒子的角色，來陪著老爸。妳看，女兒是多麼貼心啊！

孕媽咪一點通

衛生署明文禁止產科醫師告知產婦胎兒的性別。雖然「國民健康局給付的懷孕20週左右的胎兒掃描，也許可以看出胎兒性別，但更重要的是要評估有沒有兔唇、四肢的生長情況、評估胎兒體重等。

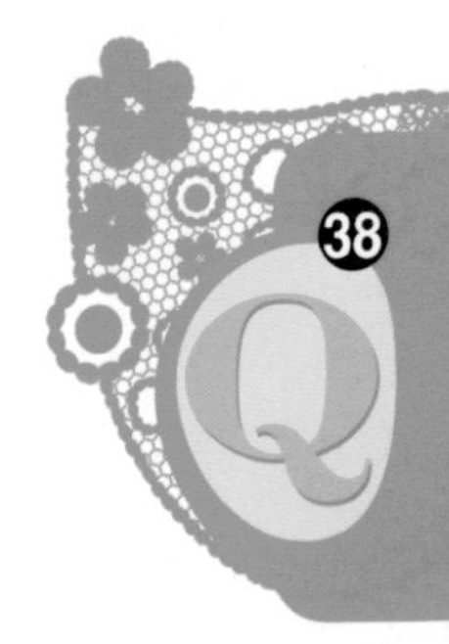

38 Q「妊娠糖尿病篩檢」是什麼？

懷孕期間容易發生胰島素抗性和血中的胰島素濃度升高，所以有些孕婦會產生糖尿病。在第一次產檢時，如果出現3種異常抽血檢驗值的任何1項，就可以診斷為「明顯的糖尿病」。

懷孕期間容易發生胰島素抗性（insulin resistance）和血中的胰島素濃度升高，所以有些孕媽咪會產生糖尿病。造成孕媽咪產生胰島素抗性的因素有下列機制：胎盤產生許多的生長荷爾蒙（GH）、促進皮質釋放賀爾蒙（CRH）、胎盤促乳激素（placental lactogen）、和黃體素，加上孕媽咪的脂肪增加、運動量減少與熱量攝取增加。

糖尿病會導致寶寶發展異常

根據文獻指出，糖尿病會增加下列的懷孕不良指標：子癲前症、羊水過多、胎兒過大（巨嬰）、胎兒的心臟和肝臟腫大、生產裂傷、增加剖腹產的機率、增加周產期死亡率、新生兒的呼吸和代謝系統的合併症。**根據研究資料顯示：糖尿病孕媽咪所生下的嬰兒日後比較容易發生肥胖和糖尿病、神經系統發育異常、注意力不集中或過動症。所以篩檢孕媽咪是否患有糖尿病是非常重要的。**

孕媽咪的糖尿病可以分成兩種：明顯的糖尿病（懷孕前就有的糖尿病）與妊娠糖尿病。在第一次產檢時，如果出現下列三種異常抽血檢驗值的任何一項，就可以診斷成「明顯的糖尿病」：空腹血糖高於126毫克/100c.c.（mg/dL）；糖化血色素高於6.5%；或是不管是飯後幾個鐘頭的血糖高於200mg/dL，而且可以再用上述兩種檢查來確認。

在沒有明顯糖尿病的情況下，如果出現下列兩種異常檢查的其中一種，也可以診斷是「妊娠糖尿病」：空腹血糖高於92mg/dL但是低於126mg/dL，或是在24~28週之間做「75克糖尿病篩檢」而出現至少一次的異常檢驗值。

孕媽咪糖尿病的篩檢可以用各種方法，根據研究資料顯示：「75公克糖尿病篩檢」雖然稍微麻煩，但應該是最好的方法。接受這項檢查前，孕媽咪必須空腹8小時，抽取第一次空腹血糖之後，請孕媽咪吃下75克葡萄糖，過一個小時和兩個小時分別抽血一次，所以總共要進行三次抽血檢驗，如果其中有一項檢驗值高於參考值，就可以診斷是妊娠糖尿病。

根據研究資料指出：進行「75克糖尿病篩檢」的優點還有：異常檢驗值的多寡可以反映出疾病的預後，也就是說出現兩個異常檢驗值的預後比只有一個異常檢驗值差，而出現三個異常比出現兩個更差。臨床上使用，跟以前所使用的「吃下50克葡萄糖後1個鐘頭的抽血」的糖尿病篩檢比較之下，我也感覺到「75克糖尿病篩檢」的假陽性要低得多，也就是說比較不會出現假警報，而造成孕媽咪不必要的擔心。

糖尿病孕媽咪要隨時監測血糖

孕媽咪一旦檢查出患有糖尿病，我就會先會替她安排營養師照會，教導孕媽咪如何計算各種食物的熱量和規劃每天攝取的食物量，同時教她維持每天固定的活動量（包括工作、家事與運動），也會請她購買測血糖機，開始測量與記錄1天四次的血糖值，並於一個星期後將那些數值帶來門診，以評估是否需要進一步使用藥物治療。

在糖尿病的藥物治療上，雖然最近的研究顯示，孕媽咪也可以安全使用口服降血糖藥，但是我覺得使用胰島素還是最確實有效、可以精準的調整劑量來好好控制血糖值。

簡單結論是，如果孕媽咪本身是體重過重、家人患有糖尿病、自己曾經患有多囊性卵巢症候群（polycystic ovary syndrome）、正在使用類固醇等等，都是屬於糖尿病的高危險群，在懷孕的第一次抽血檢查就應該安排「75克糖尿病篩檢」；如果沒有上述糖尿病危險因子的孕媽咪，在24~28週之間，都應該全面接受「75克糖尿病篩檢」。

一旦檢查出患有糖尿病，就應該積極的控制血糖，妳的產科醫師會幫妳安排更密集的胎兒健康評估，並且跟妳討論胎兒的娩出週數和方式。

最後再提醒患有妊娠糖尿病的孕媽咪，在產後6個星期的回診時，記得提醒妳的產科醫師再幫妳安排「75克糖尿病篩檢」。根據研究資料顯示：約有9成的孕媽咪葡萄糖耐受值會回到正常。但是曾經患有妊娠糖尿病的婦女，如果沒有控制體重，在往後20年之內至少有一半會出現第二型糖尿病（成人型、肥胖型糖尿病）；而良好的控制體重是預防日後發生糖尿病的不二法門。

孕媽咪一點通

如果孕媽咪本身是體重過重、家人患有糖尿病、自己曾經患有多囊性卵巢症候群（polycystic ovary syndrome）、正在使用類固醇等等，都是屬於糖尿病的高危險群，在懷孕的第一次抽血檢查就應該安排「75克糖尿病篩檢」

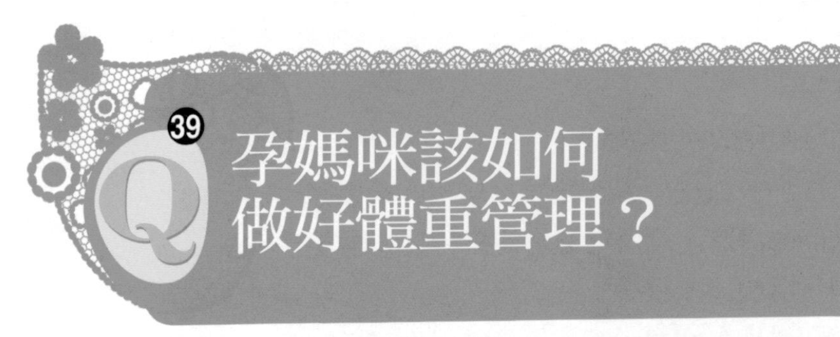

台灣的婦女平均來說，懷孕期間體重增加的太多了。應該要增加肉魚豆蛋以及蔬菜的攝取，減少甜點、水果及澱粉的攝取量，如果懷孕前體重是在理想體重範圍之內，整個懷孕期就可以增加12公斤。

很多孕媽咪都以為懷孕後就可以肆無忌憚的發胖，平常節制的飲食習慣這時候全都拋在腦後，但是對於關心寶寶健康的孕媽咪來說，懷孕期間反而是鼓勵自己做良好的體重控制和養成健康生活習慣的好時機。

體重正常增加才能孕育健康寶寶

每一位來醫院接受我的產前檢查的孕媽咪，我都會仔細評估她的體重增加情形而加以建議。根據我的觀察，我們和已開發國家的情形一樣，台灣的婦女平均來說，懷孕期間體重增加的太多了。研究資料也顯示：如果第一胎懷孕胖太多，第2胎也都會體重增加過多。

有些體重增加良好的孕媽咪會問我：「我的寶寶成長夠大嗎？我媽媽和我的同事們都覺得我太瘦了……」，看來家人或同事的善意問候，往往助長了孕媽咪體重增加太多。也常聽到一些體重增加太多的孕媽咪告訴我：「我幾乎沒有吃什麼……」，對於自稱沒有吃什麼而已經過胖的孕媽咪，我往往鐵口直斷地說「妳吃太多水果了」，這個猜測大約有100%的正確率，在她滿臉錯愕的時候，我接著會分析：「台灣盛產水果，又甜、種類又多，每次吃水果往往都會吃許多種，吃下的熱量很高；而水果的糖份可讓妳血糖迅速增加，當代謝後血糖下降時，又覺得很餓會再開始大吃，所以吃很多水果的孕媽咪，不知不覺中體重會迅速增加。」

根據研究資料顯示：影響胎兒出生體重的因素，「懷孕前體重」和「懷孕期所增加的體重」是互為獨立、但有加成作用的。所以，規劃孕媽咪的體重管理之前，我會先幫她計算懷孕前的「理想體重」，精確的理想體重要用「身體質量指標（body mass index, BMI）」來計算，BMI等於體重（公斤）除以（公尺身高的平方），理想體重就是BMI介於18.5~24之間。如果覺得這樣計算太麻煩，針對身高介於150~170公分的婦女，另一個快速計算「理想體重」的方法是：將身高減去105，這大概就是理想體重的公斤數。如果懷孕前體重是在理想體重範圍之內，懷孕期可以增加12公斤；如果懷孕前體重就高於理想體重，懷孕期間就必須減少體重的增加；懷孕前體重過輕的婦女，懷孕期間可以增加大於12公斤。

孕媽咪必須穩定增加體重

懷孕前屬於理想體重的婦女，要如何分配懷孕期間所增加的12公斤體重？最簡單的規劃就是：「每一次回診只能增加1公斤」，完整的產前檢查平均有12次。對於懷孕前體重已經過重的婦女，我常用一個真實的例子來鼓勵她們：曾有一位懷孕前85公斤的孕媽咪，接受我的建議，整個懷孕期間都保持在85公斤，產下一位3,500克的健康寶寶後，產婦隔天的體重只剩下80公斤。根據研究資料也顯示：懷孕前過胖的孕媽咪如果在懷孕期間能夠降低體重，孕媽咪和胎兒的健康情形都能獲得改善；只是這非常不容易做到，該研究中只有1.2%的過胖孕媽咪能夠降低體重。

要孕媽咪們控制體重增加，最困難的在於「如何減少熱量的攝取，又不感覺飢餓」。我的建議是：「魚肉豆蛋隨妳吃，綠葉蔬菜量要多，飯麵澱粉減半量，水果甜點選一樣。」

孕媽咪即使懷孕前原本不喜歡吃米飯，幾乎懷孕後都喜歡吃澱粉（包括飯、麵、饅頭、蛋糕等等），必須稍微節制攝取量。相反的，很少孕媽咪想要吃魚吃肉，所以我上述的建議也不會造成蛋白質攝取過量。大多數人對於綠葉蔬菜都吃的不夠多，而台灣的綠葉蔬菜（例如地瓜葉、空心菜、菠菜、青江菜等等）可供選擇的種類很多，富含纖維素、礦物質，可以用綠葉蔬菜來取代水果，不但熱量低又可以保持飽足感。

孕媽咪大多喜歡甜食，例如各種水果、甜點，所以要提醒孕媽咪：每天水果或甜點只能挑一樣，而且只能吃一份。當然，需要配合適當的運動。

對於我的上述建議，也許有些營養學家不以為然，會批評這樣飲食種類的分配不夠均衡，而認為應該教導孕媽咪來計算各種食物的熱量。但是我認為：懷孕已經很辛苦了，我建議的原則簡單易行，照這樣吃不但不會餓肚子、體重也容易控制；所以我只會讓真正患有糖尿病的孕媽咪，才去學習計算熱量和每日的總熱量管制。

孕媽咪一點通

要孕媽咪控制體重增加，最困難的在於「如何減少熱量的攝取，又不感覺飢餓」。我的建議是：「魚肉豆蛋隨妳吃，綠葉蔬菜量要多，飯麵澱粉減半量，水果甜點選一樣。」

40 Q 孕媽咪生病了可以吃藥嗎？

懷孕期間，不要自己買成藥來吃。孕媽咪不管是感冒、拉肚子，或是有任何其他疾病，都要先看妳的產科醫師，或是去妳方便的婦產科診所求診；如果很明顯必須看其他專科（例如眼科或牙科）的時候，必須先告知醫師妳的懷孕情況。

對於新手孕媽咪來說，當第一次尿液驗出懷孕反應後，我都會詢問她：知道懷孕該怎麼保養嗎？幾乎每個孕媽咪都會回答：不知道。我接著就說：「懷孕期間，不要自己買成藥來吃。孕媽咪不管是感冒、拉肚子或是有任何其他疾病，都要先看妳的產科醫師，或是去妳方便的婦產科診所求診；如果很明顯必須看其他專科（例如眼科或牙科）的時候，必須先告知醫師妳的懷孕情況。唯有這樣，醫師在必須使用藥物的時候就會幫妳注意，選用不會傷害到胎兒的藥物。」

藥物具有「懷孕安全分級」

現在每一種藥物幾乎都有「懷孕的安全分級」，敘述如下：

A. 已有充分的人類對照組研究資料顯示，該藥物不曾在早期懷孕中，產生對胎兒的不良影響。

B. 在動物生殖實驗中，不曾出現對胎兒動物的影響。或是，在動物研究中該藥物曾經出現過不良影響，但在充分的人類對照組研究中，不曾出現對胎兒有不良影響。

C. 在動物生殖實驗中，該藥物曾出現對胎兒動物的影響，但是缺乏人類研究的資料。

D. 人類研究中，該藥物曾出現過對胎兒有不良影響。

X. 在動物或人類研究中，該藥物曾經造成胎兒異常。

A級或是B級藥物：在懷孕期間非常安全，但是臨床上使用的藥物很少是屬於A級的；B級藥物已經是非常安全的懷孕用藥。C級藥物：如果孕媽咪有必要，可以小心使用。D級藥物：只有在孕媽咪非常有必要，而沒有其他比較安全的藥物時，才可以謹慎的使用。X級藥物：不建議孕媽咪使用。

任何科別的醫師都會很清楚地查詢「懷孕的安全分級」後，才會開立處方給孕媽咪。所以，孕媽咪如果詳細告知醫師有關妳的懷孕情況，就可以放心的服用醫師開立的處方。台灣的孕媽咪因為怕傷害胎兒，大多不喜歡服藥。所以我對某些也許需要服藥的情況，例如早期懷孕出血的情況或是妊娠嘔吐，都會先詢問孕媽咪：「如果我開立藥物，妳會按時服用嗎？」一旦確認孕媽咪會遵照醫囑，我才會開立藥物，免得浪費健保資源。

在產前門診中，也常會看到滿臉憂慮的孕媽咪，帶著自己在尚未知道懷孕之前，所服用過的藥物處方（大多數是感冒藥、幫助睡眠的鎮靜劑等等），來諮詢那些藥物是否安全。經過仔細查詢，孕媽咪帶過來的藥名大部份是屬於B級或是C級藥物，在數天的使用下，應該都是很安全。只有少數的情況才會有孕媽咪服用到D級藥物；一般如果只有一、兩次的服用，即使是D級藥物，影響到胎兒的機率也很低，一般並不需要因為這樣的用藥就必須終止懷孕。

孕媽咪一點通

任何科別的醫師都會很清楚地查詢「懷孕的安全分級」後，才會開立處方給孕媽咪。所以，孕媽咪如果詳細告知醫師有關妳的懷孕情況，就可以放心的服用醫師開立的處方。

41 Q 皮膚很癢，可以擦藥嗎？

大約有兩成的孕媽咪會有皮膚癢的症狀，要能夠確定鑑別診斷出這些皮膚疾病並不容易，需要諮詢熟悉孕媽咪皮膚狀況的皮膚專科醫師。即使是不知道確定的疾病診斷，處理的原則也都一樣。

會造成孕媽咪皮膚奇癢的有下列三類疾病，前兩類都與懷孕的免疫反應改變有關，而且會合併明顯的皮膚病灶；第三類是懷孕特有的全身性奇癢但卻沒有皮膚病變。

1. **懷孕的異位性皮膚炎**：又可以分成皮疹、癢疹、癢疹性毛囊炎等。皮疹可開始於懷孕早期和中期；而後面兩種則開始於懷孕的中期和末期。

2. **懷孕的癢疹與丘疹性皮膚病變**（pruritic urticarial papules and plaques of pregnancy, PUPPP）：好發於第一胎與多胞胎妊娠的孕媽咪。通常出現在懷孕末期，皮膚丘疹首先出現於肚皮上的妊娠紋，會融合成一大片，並擴展到肢體。特徵是，這些皮膚病變不會出現在肚臍周圍、臉部、手掌和腳掌。

3. **懷孕的肝內膽汁鬱留症**（intrahepatic cholestasis of pregnancy）：特點是看不到任何皮膚病灶，但卻有全身性的奇癢。當妳懷疑有這些疾病時，妳的產科醫師會幫妳安排更進一步的檢查。

針對上述第一類和第二類疾病，處理的原則都相似，敘述如下：

1. 皮膚也要充分保濕，每天洗完澡要馬上塗上有效的保濕乳液，早上起床後再塗上一次。
2. 儘量減少去抓搔皮膚，抓搔之後皮膚會變得更敏感。「越抓越癢」是不變的真理。
3. 妳的產科醫師會處方含有類固醇的藥膏，請不要聽到含有類固醇就不敢使用，一般人常有的「類固醇恐懼症」是沒有根據的。經由皮膚投與必要的類固醇，對於胎兒是非常安全。
4. 大多數口服抗組織胺是對胎兒非常安全。白天可以服用不會造成嗜睡的抗組織胺；相反的，睡覺前服用會有嗜睡副作用的抗組織胺，不但可止癢、又可幫助睡眠。

孕媽咪一點通

大約有兩成的孕媽咪都會有皮膚癢的症狀，要能夠確定鑑別診斷出這些皮膚疾病並不容易，需要諮詢熟悉孕媽咪皮膚狀況的皮膚專科醫師，或讓妳的產科醫師幫妳做有效治療。

42 「自然產」、「剖腹產」，哪個比較好？

自然產和剖腹產比較，剖腹產容易增加恢復較慢、傷口感染、出血、腸道或輸尿管的損傷、傷口裂開、靜脈栓塞、麻醉的併發症、子宮和鄰近臟器的沾粘等併發症。

每當我聽到懷第一胎的孕媽咪提出「要以剖腹產來娩出胎兒」的要求時，我就要花上許多時間來釐清她的理由，然而大部份的孕媽咪都是人云亦云，也說不出個所以然。從演化學的角度來看，自然產（陰道式生產）是一種成功演化的生產方式；而剖腹產卻是這幾十年來，醫學上對於某些懷孕合併症的補救辦法。相形之下，剖腹產怎麼會比較自然產好呢？我也會用自身的經驗當作例子，嘗試說服孕媽咪放棄不必要的剖腹產的要求，因為我太太生了兩個女兒，都是採用自然陰道生產的；我的哥哥也是婦產科教授，我大嫂的兩個小孩也都是自然產；我有兩位妹妹，各生了兩位小孩，都是我們自己接生，也都是自然產。「如果剖腹產會比自然產好，婦產科醫師一定會替自家人做吧？」我常常比較這兩種生產方式給孕媽咪聽：「陰道生產後當天，妳就像一位媽媽；剖腹生產後當天，妳就像一位病人。」

事實上，對一位產科醫師而言，預定時間的剖腹產是最輕鬆的，不必繃緊神經、隨時待命準備接生；但身為產科醫師，我們又怎能貪圖自身方便，而鼓勵剖腹產呢？和陰道式生產比較起來，剖腹產會增加下列併發症的機率性：恢復較慢、傷口感染、出血、腸道或輸尿管的損傷、傷口裂開、靜脈栓塞、麻醉的併發症、子宮和鄰近臟器的沾粘等等。

醫學合理的剖腹產適應症包括下列：

1. 胎位異常，例如臀位（胎兒的頭朝向媽媽的頭部）、橫位懷孕等。
2. 胎盤異常，例如前置胎盤、胎盤前位血管（vasa previa）、植入性胎盤等。
3. 預期產痛開始後，會有子宮破裂的高危險的情況，例如曾經接受過子宮肌瘤切除、前次剖腹產等。
4. 胎頭骨盆不對稱（cephalopelvic dispropotion, CPD）。
5. 有胎兒窘迫危險性的時候。

我清楚地記得，曾有一位孕媽咪非常堅持要自費剖腹產，在充分的分析和衛教之後，每一次的產前檢查我都會再次詢問她是否改變主意了，但她還是很堅持，最後只好替她施行自費剖腹產；當她第二次懷孕，首度接受產前檢查時，我提醒她：第一次剖腹產程是以自費剖腹產，第二次的剖腹產不能以「前次剖腹產」當作健保剖腹產的適應症……我很驚訝她竟然希望接受「前次腹產後的陰道生產

（vaginal birth after cesarean, VBAC）」，當然第二胎的陰道生產也是順利成功。

剖腹產會提高內臟沾黏發生率

根據美國的研究資料顯示：90% 曾經接受過剖腹產的婦女，會選擇再接受剖腹產；而「前次剖腹產」佔全部剖腹產適應症的 1/3。然而，內臟的沾黏機率會隨著開刀的次數而增加，根據研究顯示：有過一次的剖腹產之後，第 2 次剖腹產時大約可以看到 12~46% 發生沾粘；有過兩次的剖腹產後，第 3 次剖腹產時可能看到 26~75% 發生沾粘。因此，雖然選擇「前次腹產後的陰道生產 VBAC」發生子宮破裂的危險機率（0.78%），要比直接進行重複剖腹產發生子宮破裂的危險率（0.22%）稍微增加，但 VBAC 還是值得一試。

嚴格選擇合適 VBAC 的產婦，VBAC 的成功率和第一次剖腹產的適應症有關：第一次剖腹產如果是因為胎位不正，而本次懷孕沒有胎位不正，則 VBAC 的成功率大約有 75%；如果第一期剖腹產是因為胎兒窘迫，則 VBAC 的成功率大約有 60%；如果第一次剖腹產是因為胎頭骨盆不對稱，則本次 VBAC 的成功率就下降到 50%。嘗試 VBAC 的原則是：要能夠知道前次剖腹產的開刀術式（必須是子宮下端橫切開）、必須在有足夠人力與設備進行緊急剖腹產的醫學中心實施；不要使用子宮催產素或前列腺素來誘發產痛；待產過程要全程監控胎兒心跳與子宮收縮的型態。

孕媽咪想要嘗試VBAC，越早告知妳的產科醫師越好，因為懷孕期間完善的評估非常重要。評估包括：要確定胎位正常、沒有胎兒過大、要良好控制體重、並規劃出孕媽咪的運動。我通常會建議：從懷孕初期就規劃出體重增加的限度；懷孕中期就必須開始運動，並且於懷孕32週起，加強運動的強度（例如快步走路直到會誘發子宮收縮的速度）；從懷孕36週以後，每日必須有兩次快走20分鐘的時段，即使誘發子宮收縮、會感覺疼痛，也不要放慢速度。

孕媽咪一點通

孕婦想要嘗試前次腹產後的陰道生產（VBAC），越早告知您的產科醫師越好，因為懷孕期間完善的評估非常重要。評估包括：要確定胎位正常、沒有胎兒過大、要良好控制體重、並規劃出孕婦的運動。

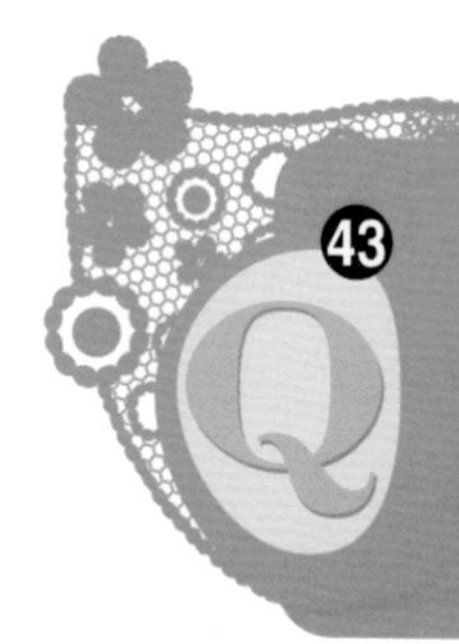

43 Q 「胎動評估」的意義？

> 研究資料顯示：寶寶50%的單肢運動會被孕婦感覺到，而80%的軀幹動作能被孕婦感覺，有些孕媽咪懷疑是抽搐的動作，其實是胎兒的打嗝。

常會有孕媽咪問我：「當我躺下的時候會發現胎兒動得很厲害，是不是我壓迫到寶寶了？」或者「胎兒有時候會規律的動，甚至持續到半個鐘頭，寶寶會不會是抽搐？」在初產婦可能到5個月之後，孕媽咪才會感覺到胎動；已經生產過的經產婦因為比較有經驗了，所以可能在懷孕4個多月就會感覺到胎動。「胎動」是不需要用任何儀器，媽媽就可以自我評估寶寶健康的方法。

正常胎兒的活動包括四肢的動作、軀幹的動作、臉和頭的動作。四肢的動作會有伸展與捲曲、手去摸頭、手掌的開合等等；軀幹的動作會有呼吸、伸展和彎曲、驚嚇的彈動、轉動身體、打嗝等等；臉和頭的動作會有轉頭、吐舌頭、打哈欠、嘴巴的吸吮動作等等，非常可愛。

根據研究資料顯示：50%的單肢運動孕媽咪都可以感覺到，而80%的軀幹動作孕媽咪也都能察覺。有些孕媽咪懷疑是寶寶抽搐，其實是胎兒的打嗝。研究顯示，胎兒在

11個星期大時，就可以出現打嗝動作，而打嗝是胎兒在懷孕26週之前的主要橫膈膜運動。打嗝動作主要用來鍛鍊胎兒吸氣的肌肉，出現打嗝顯示胎兒吸吮或急吸氣的反射迴路已經健全。

懷孕中、後期可做胎動評估

「胎動評估」是懷孕中、後期，最方便孕媽咪評估胎兒健康的方法。如果每天常常感覺到胎動，胎兒健康大概就是沒問題；相反的，如果明顯的感覺胎動減少，就必須警覺。**根據研究顯示：胎動減少的新生兒死亡率約為全部生產數的0.82%**，這個數字明顯高於沒有胎動減少的新生兒死亡率（0.29%）。有些容易緊張的孕媽咪，一、兩個鐘頭未感覺到胎動就很緊張，其實這是沒有必要的。胎兒睡覺、媽媽使用鎮靜劑，或是孕媽咪抽煙等，都可能造成短時間的胎動減少。如果擔心胎動減少，可以做非常簡單的「胎動評估」：在門診拿到一張「日常胎動記錄單」，從每天早上9點開始，只要感覺到胎兒動作就打1個勾，若在下午3點以前完成10個勾，就算胎動正常。如果白天沒有時間做這項評估，在晚餐後一到兩個小時，靜臥30分鐘，如30分鐘內感覺到4次以上的胎動，也就算正常。

使用這種方式的評估，90%以上的孕媽咪大多確認胎動正常；反之，如果真有發現胎動減少，就應該告知妳的產科醫師，需要做進一步的評估。評估的方法主要包括：

非壓力性檢查（nonstress test, NST）和胎兒超音波評估。每次我拿1張「日常胎動記錄單」給孕媽咪的時候，都會同時開立1張「非壓力性檢查」檢查單，請孕媽咪記錄到胎動減少時，就直接到產房接受檢查，因為產房是24小時開放，全年無休。

孕媽咪一點通

如果擔心胎動減少，可以做非常簡單的「胎動評估」：在門診拿到1張「日常胎動記錄單」，從每天早上9點開始，只要感覺到胎兒動作就打1個勾，若在下午3點以前完成10個勾，就算胎動正常。如果白天沒有時間做這項評估，在晚餐後一到兩個小時，靜臥30分鐘，如30分鐘內感覺到4次以上的胎動，也就算正常。

44 Q 我需要存「臍帶血」嗎？

> 臍帶血所含的胎兒血液幹細胞，至今已經有許多的文獻證實有醫療價值；所以如果妳們的經濟情況允許，臍帶血儲存是胎兒一輩子只能做一次的機會。

很多孕媽咪都會問：「我需要自存臍帶血嗎？你是否推薦哪一家臍帶血公司？」但「自存臍帶血」價格不便宜，每個家庭都應該自行斟酌經濟情況來考慮，所以我遇到這樣的問題時，無法給一個直接的建議。我只能告知孕媽咪：「臍帶血所含的胎兒血液幹細胞，至今已經有許多的文獻中證實有其醫療價值；而且分娩中的胎盤所含的胎兒臍帶血，如果沒有儲存就被直接丟棄，十分可惜；所以如果妳們的經濟情況允許，臍帶血儲存是胎兒一輩子只能做一次的機會。」

至於該選哪一家臍帶血公司，比較務實的建議是：「台灣現在市面上的每一家都已經受到嚴格管理，品質都應該合乎醫療應用的標準，看妳對那一家所提出的儲存契約比較有信心，就可以選擇那一家。而且不管妳是採用哪一家公司，不管妳是自存或是公捐，只要妳住院待產時，把儲存臍帶血的用品帶來，我們都會好好地替妳保留臍帶血。」所謂儲存臍帶血的用品，就是含有抗凝劑的特殊儲存血袋，會由各家公司包裝成為一盒套裝組件（kit）。

在醫療應用上，比起骨髓來源的造血細胞，臍帶血已被証實有下列的優勢：

1. 臍帶血含有較多高增生能力的造血細胞。
2. 臍帶血的收集不會造成疼痛、也沒有骨髓穿刺的副作用。
3. 臍帶血較少受到細胞巨病毒（cytomegalovirus, CMV）的感染。
4. 臍帶血移植後較少發生免疫排斥反應。

所以，臍帶血在醫療上的應用地位已經十分明確。

從人體的各個器官、發育中的各個時期，都可以獲得各種幹細胞。比較各種來源的幹細胞應用潛力，所獲得的一個的原則是：由個體生命中越早期來源的幹細胞，有越多的增生與分化潛力。除了臍帶血以外，臍帶也含有大量的間質幹細胞，研究文獻（包括我們自己的論文）中發表，寶寶的臍帶跟成年人組織比較起來，來自臍帶的幹細胞有下列優勢：取得時完全無痛，也可以取得大量的細胞，臍帶中的幹細胞具有優秀的增生和分化的潛力。

幹細胞依照其分化潛力可以歸類為：

1. **萬能細胞**（totipotent）——能夠衍生出胚胎和胚胎外組織（例如胎盤），以受精卵為代表。

2. **全能細胞**（pluripotent）——能夠分化胚胎的3個胚

層（外胚層、中胚層、內胚層），意即一個胎兒的所有細胞種類，以人類胚胎幹細胞（human embryonic stem cells, hES）為代表。

3. 多能細胞（multipotent）——能夠分化出1個胚層內的各種細胞，例如間質幹細胞可以分化出中胚層的各種細胞種類。

根據大量的研究資料顯示，各種幹細胞的臨床應用潛力正快速拓展，至今已成功的應用於下列方向：

1. 幹細胞可以用來做細胞治療。
2. 幹細胞可以當作藥物治療的標靶。
3. 幹細胞可以當作藥物開發的工具。
4. 幹細胞可以用來建立疾病研究和治療模式。

人類胚胎幹細胞已被成功分化成為各種不同功能的神經細胞、胰臟細胞、心肌細胞和造血細胞。動物模式中，可以成功治療視網膜疾病、巴金氏症、脊椎神經損傷、心肌梗塞和糖尿病。

近幾年來，學者已經成功建立「導出全能細胞（induced pluripotent stem cells, iPS）」，透過強迫表現數個基因，就能夠將分化末期的體細胞（例如來自皮膚的纖維母細胞）誘導成，類似胚胎幹細胞功能的導出全能細胞。雖然在如火如荼的後續研究顯示：iPS和胚胎幹細胞功能不完全相同，而且iPS也有其限制；但是iPS的建立不需用到胚胎，和iPS是個人專屬的全能細胞，這些優點讓iPS的應用潛力無限。和體細胞比較起來，源自生命期早期的各種幹細胞，更容易被誘導回更原始的全能細胞，可以減少建立iPS時用到各種病毒載體的需要。

簡單的總結是：各種來源的人體幹細胞都是寶貴的組織再生資源，非常值得珍惜和儲存。當今，儲存各種幹細胞的趨勢是：盡量利用非侵襲性取得方法，或是從原本要丟棄的體液（例如臍帶血、月經血、乳汁）或器官（臍帶、胎盤、乳牙或成人牙齒），來萃取出各種寶貴的幹細胞，這些幹細胞不但直接有各種應用功能，也會比一般的體細胞更容易誘導成iPS，充滿無限的應用潛力。

孕媽咪一點通

在醫療應用上，比起骨髓來源的造血細胞，臍帶血已被証實有下列優勢：

1. 臍帶血含有較多高增生能力的造血細胞。
2. 臍帶血的收集不會造成疼痛、也沒有骨髓穿刺的副作用。
3. 臍帶血較少受到細胞巨病毒（cytomegalovirus, CMV）的感染。
4. 臍帶血移植後較少發生免疫排斥反應。

Part 4

懷孕期間的異常症狀

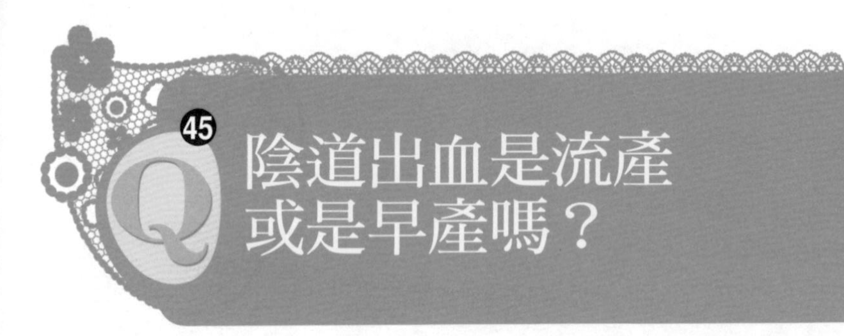

懷孕的頭三個月內，像是流產、子宮外孕、子宮頸或陰道病變、胚胎早期著床等，都有可能會引起陰道出血，最好還是內診過後才能確認是何病變。

我常提醒孕媽咪：「懷孕期間的任何陰道出血，都需要告知妳的產科醫師，以便進一步的評估。」隨著不同的懷孕週數，都可能有不同的原因造成陰道出血。

在懷孕的前三個月內，下列的原因都有可能引起陰道出血：

1. 各種流產
2. 子宮外孕
3. 子宮頸或陰道的病變
4. 懷孕早期的胚胎著床性出血

出血需內診才能做確認診斷

台灣的孕媽咪大多習慣接受超音波檢查，而害怕接受「內診」。我在醫學中心服務，經常遇到一些孕媽咪求診，自稱「已經在診所服藥安胎兩、三個星期，而仍然有斷斷續續的出血」。使用超音波確認子宮內懷孕、而且胎兒生長也合乎其週數，我就會建議必須「內診」，雖然孕媽咪大多數不太願意，在經過解釋內診的必要性之後，孕媽咪也會接受。也是唯有靠著內診，才能發現子宮頸或陰道的病變，例如子宮頸息肉就是一個常造成陰道出血的原因，一旦診斷出來，非常容易治療。相反的，所謂的「胚胎著床性出血」是一種必須要排除上述三種可能性，而且持續的追蹤檢查也顯示胎兒正常成長之後，才能夠做的一種排除性診斷。

懷孕的13~20星期間，除了子宮頸和陰道的病變以外，還可能造成陰道出血的情況還有「子宮頸閉鎖不全」，典型的症狀就是：在沒有明顯子宮收縮的情況下，子宮頸持續的擴張和變短，而造成在陰道口可以看到胎膜，這個情況下，流產大概是無法避免的了。還好，在下一胎懷孕時，如果能及時的施行「預防性子宮頸環紮手術」，通常就能成功的懷孕到足月。

特定的疾病也會造成出血

在懷孕的20週以後，除了正常的產兆以外，下列疾病也會造成陰道出血，這些都是重大的產前出血疾病，必須馬上接受治療，所以孕媽咪要充分警覺，才能及早就醫：

1. 前置胎盤
2. 胎盤早期剝離
3. 胎盤的前置血管（vasa previa）
4. 子宮破裂

前置胎盤一般不太會合併疼痛，而胎盤早期剝離則會合併持續而劇烈的子宮收縮疼痛。跟正常的產痛不同的是，正常子宮收縮造成的產痛每次持續約 1 分鐘，而會有 1~3 分鐘的放鬆而疼痛緩解；相反的，胎盤早期剝離的疼痛是持續而劇烈，所以下腹摸起來硬邦邦的、好像木板一樣，並不會有正常的「收縮——放鬆」的規律性。胎盤的前置血管與子宮破裂都相當罕見，要能夠及早診斷而安全娩出健康胎兒，除了靠孕媽咪和產科醫師的警覺性，還需要幸運和福氣。

孕媽咪一點通

跟正常的產痛不同的是，正常子宮收縮造成的產痛每次持續約1分鐘，而會有1~3分鐘的放鬆而疼痛緩解；相反的，胎盤早期剝離的疼痛是持續而劇烈，所以下腹摸起來硬邦邦的、好像木板一樣，並不會有正常的「收縮-放鬆」的規律性。

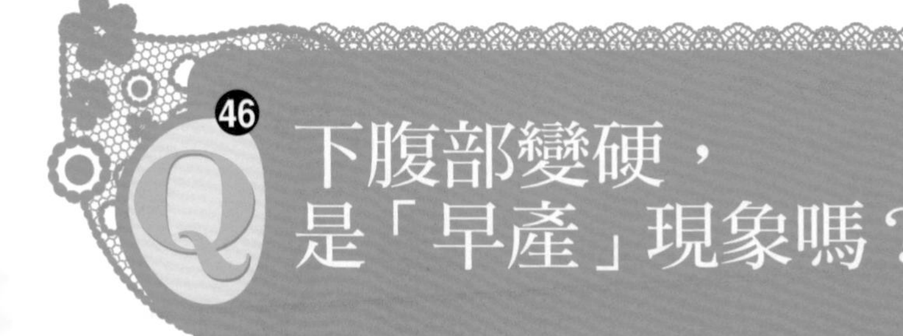

46 Q 下腹部變硬，是「早產」現象嗎？

孕媽咪會感覺到子宮變硬，有些只是胎兒在伸展，另外一些則是真的子宮收縮。即使是子宮收縮，也不一定是早產現象。

懷孕中期以後，孕婦的子宮常會變硬，甚至讓孕媽咪感覺疼痛，而擔心是否會早產。事實上，孕媽咪如果感覺到子宮變硬，有些只是胎兒在伸展，另外一些則是真的子宮收縮。我常用下列的方法教導孕媽咪或準爸爸分辨上述兩種情況：**將凸出的肚子分成為上右、上左、下右、下左四個區域，如果只有其中一個區域變硬，而其他三個區域是軟的，那就是胎兒伸展所造成的子宮變硬；如果四個區域都同時變硬，這就是子宮收縮。**

即使是子宮收縮，也不一定是早產現象。在懷孕五個月以後，孕媽咪每天可以感覺到十次以下的子宮收縮，我常把這個現象描述為：「子宮肌肉在做運動」。但是如果子宮收縮比上述頻繁，甚至感覺疼痛時，我就會建議孕媽咪先嘗試坐下或是躺下休息，大部分的子宮收縮的疼痛就會緩解。如果躺下來、側臥、捲曲身體，而子宮收縮仍然很強，就該去讓妳的產科醫師進一步評估了。客觀、量化的評估包括以同步測量胎兒心跳與子宮收縮強度的「非壓力測試（non-stress test, NST）」，這個檢查能夠根據子宮收縮強度與收縮頻率來量化評估早產。

以下我們就針對「早產」稍做介紹。早產的定義是：懷孕滿37週之前的分娩。發生早產的危險因子有：

1.「曾經發生過早產」是最重要的危險因子。如果曾有過一次早產，本胎發生早產的機率大概有20%；如果有過兩次早產，這胎早產的機率更高達40%；如果發生過三次早產，這胎早產的機率會大於60%。

2. 多胞胎懷孕。

3. 遺傳因子。媽媽與姐妹有過早產病史的孕媽咪機率較高，尤其是孕媽咪的同卵雙胞胎姐妹如果發生過早產，孕媽咪本人發生早產的機率也會大為提高。

4. 抽煙或藥物濫用會增加造成的機率。

5. 借助人工生殖科技而懷孕的發生早產機率也較高。

6. 本次懷孕離上一胎分娩時間很短。

7. 懷孕男寶寶也比女寶寶容易發生早產。

8. 在懷孕早期、中期發生陰道出血的孕媽咪發生早產的機率也較高。

9. 有牙周病的孕媽咪也容易發生早產。但是現在的研究資料顯示，牙周病和早產應該沒有因果關係，這兩者可能都是「容易發生全身或局部發炎反應的體質」的結果。所以懷孕期間積極治療牙周病，並不能有效預防早產。

除了評估子宮收縮的頻率和強度以外，也有一些新的生物標記試劑可以用來預測早產的發生，這些檢驗試劑用來偵測子宮頸分泌物中所含的「胎兒纖維連結素（fetal fibronectin）」或者是「高度磷酸化的類胰島素生長因子結合蛋白-1（p-IGFBP1）」。

在早產的治療上，如果臥床休息仍不能有效抑制子宮收縮的強度和頻率，就必須投予藥物治療。臺灣的健保會給付Ritodrine（安寶），可口服也可以靜脈點滴注射，效果良好，雖然每位使用的孕媽咪都會有心悸的副作用，但大多數孕媽咪很快就可以適應這個副作用；但是如果長時間的使用安寶，孕媽咪有時候會出現肺水腫的嚴重併發症。還好，有另外一種抑制早產的藥物是Atosiban（孕保寧），它是催產素受體的拮抗劑，作用機制不同，沒有肺水腫的危險性，可惜健保尚未核准，必須自費使用。

孕媽咪一點通

在早產的治療上，如果臥床休息仍不能有效抑制子宮收縮的強度和頻率，就必須投予藥物治療。臺灣的健保會給付Ritodrine（安寶），可口服也可以靜脈點滴注射，效果良好，雖然每位使用的孕媽咪都會有心悸的副作用，但大多數孕媽咪很快就可以適應這個副作用。

47 什麼是「妊娠高血壓」？

「慢性高血壓」是指懷孕前就已經有高血壓，或是妊娠20週前就有高血壓。高血壓定義為收縮壓大於或等於140毫米汞柱，或舒張壓大於或等於90毫米汞柱，或兩者均有。

每次的產前檢查一定包括測量血壓，但常看到孕媽咪匆匆忙忙趕到婦產科門診，又看到等候門診的眾多婦女，不免心浮氣躁，常會測量到高血壓，這時候會請她靜坐10分鐘後再測量一次。一旦確認有高血壓，我會建議她買一個血壓器在家中自己測量，尤其是台灣製造的電子血壓計品質是世界一流的，價格也非常公道，在高血壓如此盛行的現代，建議每個家庭都該自備一套電子血壓計，晚上在家充分休息後測量，測量出的血壓最正確。

曾有一位孕媽咪在產前檢查時每次都會測量到高血壓，即使休息10分鐘後再測，血壓還是會上升到高血壓值，但是她在家裡測量的血壓都是正常。為了確定家裡的電子血壓計測量是否正確，我請她把家裡的血壓器帶來門診，結果當她在門診的時候，不論是用醫院的血壓計或是她自己的血壓計，都測量到一樣的高血壓，這就是所謂的「白袍恐懼症」，就是「來到醫院就會緊張的心身症候群」。對於這一位孕媽咪，每次產前檢查我就會檢視她在家裡測量的血壓記錄，而確保她並沒有高血壓。

「慢性高血壓」不同於「子癇前症」

「慢性高血壓」是指懷孕前就已經有高血壓，或是妊娠20週前就有高血壓。高血壓定義為收縮壓大於或等於140毫米汞柱，或舒張壓大於或等於90毫米汞柱，或兩者均有。測量時要注意必須採坐姿，而要充分休息10分鐘以上才能測，前30分鐘內不可抽煙或喝咖啡。

與「慢性高血壓」必須區別的是「子癇前症」。子癇前症出現在妊娠20週之後，而且在產後會消失，子癇前症常會合併有蛋白尿、頭痛、視力模糊及上腹痛，嚴重的子癇前症甚至會發生HELLP症候群，此時孕媽咪會出現溶血、肝酵素上昇，與低血小板數。然而，慢性高血壓孕媽咪常會併發新發生的蛋白尿、高血壓惡化，此時可能就是「慢性高血壓併有子癇前症」，這是屬於懷孕期間最嚴重的一種高血壓。

慢性高血壓有可能造成早產

慢性高血壓對妊娠的不良影響包括：早產、胎兒生長遲緩、胎兒死亡、胎盤早期剝離與增加剖腹產的比例。重度慢性高血壓的婦女大約有1/3會產生胎兒過小，而約有2/3會早產。

如果孕媽咪有多年的慢性高血壓，就容易合併心臟擴大、缺血性心臟病、合併腎病及視網膜病變等，因此一旦診斷出慢性高血壓，最好能在受孕前就轉介到各專科評估心電圖、心臟超音波、眼底檢查及腎臟超音波。這些資料有助於評估妊娠風險及提供產前諮詢。例如，婦女已經有因高血壓造成的顯著左心室肥大，隨著懷孕妊娠，容易發生心臟衰竭。

孕媽咪如果腎功能缺損，例如血清肌肝酸已經上升，懷孕妊娠也容易讓腎功能惡化。儘管如此，大部份只有輕度慢性高血壓的孕媽咪大多不會影響孕期，也不會合併遠端器官的異常。

一般言之，輕度慢性高血壓（收縮壓140～179毫米汞柱或舒張壓在90～99毫米汞柱）**並不需要藥物治療。一旦出現重度高血壓**（收縮壓≧180毫米汞柱或舒張壓≧100毫米汞柱），**則必須開始投藥。**

孕媽咪患有慢性高血壓時，除非是「慢性高血壓併有子癇前症」，否則預後都不差。然而，一旦是「慢性高血壓併有子癇前症」，就會影響嬰兒發育，所以一般建議必須做多次的生長評估檢查，例如在妊娠20週時施予一次超音波胎兒評估，而在28~32週時再做一次，之後每個月再評估一次，直到分娩。一旦偵測到胎兒生長遲滯，就必須每週施予非壓力性胎兒監視與胎兒生物物理評估。

輕度慢性高血壓的孕媽咪如果未合併「慢性高血壓併有子癇前症」，可以等到足月才經陰道分娩，除非合併有剖腹產的適應症（如胎位不正、前置胎盤等），否則沒有剖腹產的必要。至於建議分娩的週數，則必須由妳的產科醫師全盤考慮，確認高血壓的嚴重度是否危及母親的健康、胎盤的功能損傷是否限制了胎兒的成長、這時期娩出的胎兒是否足夠成熟等等各種因素。

孕媽咪一點通

一旦是「慢性高血壓併有子癇前症」，就會影響嬰兒發育，所以一般建議必須做多次的生長評估檢查，例如在妊娠20週時施予一次超音波胎兒評估，而在28~32週時再做一次，之後每個月再評估一次，直到分娩。一旦偵測到胎兒生長遲滯，就必須每週施予非壓力性胎兒監視與胎兒生物物理評估。

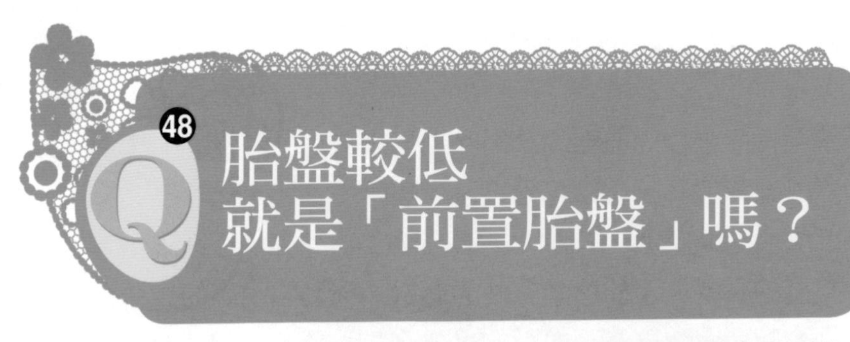

48 Q 胎盤較低就是「前置胎盤」嗎？

根據研究資料顯示：在早期懷孕時懷疑是前置胎盤的個案，在懷孕滿6個月後，大約只剩下10分之1的個案的確是前置胎盤。會造成這種現象的主要理由是：子宮隨著懷孕的週數增加而撐大了。

有些產婦在懷孕4個月的時候，就憂心忡忡的到教學醫院的產前檢查門診問我：「診所的醫師說我的胎盤較低，我是不是有前置胎盤，是否不能自然生產呢？」遇到這種情況，我會先解釋下列情況，請她們放心，再安排懷孕5個月以後的超音波檢查，來確認胎盤的位置。

根據研究資料顯示：在早期懷孕時懷疑是前置胎盤的個案，在懷孕滿6個月後，大約只剩下10分之1的個案的確是前置胎盤。所以有些產科醫師會告訴產婦說：胎盤又「爬」上去了，所以前置胎盤消失了。會造成這種現象的主要理由是：子宮隨著懷孕的週數增加而撐大。例如：一個在子宮頸上緣、稱為「子宮下段」的解剖位置，在懷孕20週時只有0.5公分，而在足月懷孕時可延展到10倍的長度（也就是5公分），所以懷孕早、中期看到胎盤距離子宮頸很近，隨著懷孕週數的增加，胎盤和子宮頸的距離也隨著增加。所以，隨著子宮的脹大，胎盤和子宮頸的距離會增加，顯得好像胎盤會爬行上去。儘管有些懷孕早期的前置胎盤結果只是假警報，但前置胎盤仍然是懷孕的一個重大合併症，值得孕媽咪加以認識。

亞洲人較容易發生「前置胎盤」

前置胎盤似乎發生在亞洲人特別多，約佔全部生產的0.5%，這大概是白種人的1.5倍。另外一個有趣的現象就是：男嬰比女嬰多14%的前置胎盤。前置胎盤的典型症狀是：在懷孕5個月以後發生的「無痛出血」，約有3分之1的病例第一次出血發生於懷孕30週前，另外3分之1的病例出血發生於懷孕31~36週，而有3分之1的病例出血於36週之後。

在台灣因為婦產科超音波非常普遍，現在很少等到孕媽咪發生大量出血才診斷前置胎盤；大概在懷孕20週的常規產科超音波就會警覺到前置胎盤，而必須在懷孕28週時，再用超音波確認診斷。前置胎盤的診斷一旦在懷孕28週前確認，孕媽咪就必須充分配合妳的產科醫師建議的休養處置與剖腹產安排。一般而言，有前置胎盤的孕媽咪要避免運動而且減少體力的勞累，以免誘發子宮收縮而造成大量出血。

特別值得一提的是，雖然在前置胎盤的孕媽咪上，要避免用手指頭做子宮頸內觸診；但是在1993年的研究就已經顯示「陰道式超音波」對於前置胎盤是非常安全而準確的診斷工具，因為陰道式超音波的探頭所放的位置距離子宮頸還有2~3公分，而且子宮頸和陰道的自然角度，也會避免超音波探頭滑入子宮頸內。

孕媽咪一點通

前置胎盤的典型症狀是：在懷孕5個月以後發生的「無痛出血」，約有3分之1的病例第一次出血發生於懷孕30週前，另外3分之1的病例出血發生於懷孕31~36週，而有3分之1的病例出血於36週之後。有前置胎盤的孕媽咪要避免運動而且減少體力的勞累，以免誘發子宮收縮而造成大量出血。

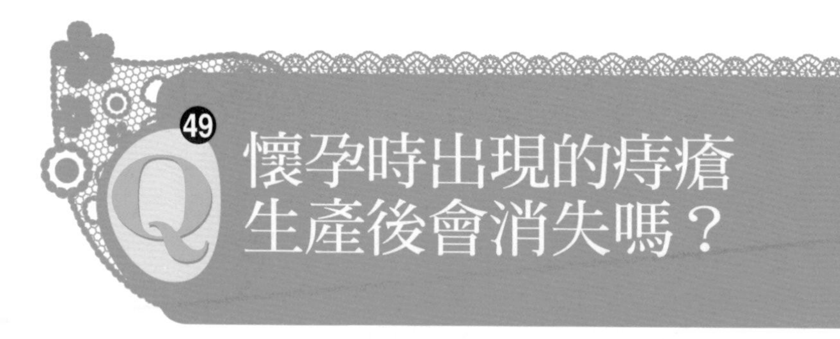

49 懷孕時出現的痔瘡生產後會消失嗎？

幾乎所有的孕媽咪只要預防便祕和局部塗藥就可以有效控制痔瘡，所以手術的需要性很低。而在產後回診時，懷孕期間的痔瘡幾乎都已完全消失。

大約4成的孕媽咪會發生痔瘡，尤其在懷孕末期到分娩後數週之內。典型的症狀包括：出血、搔癢、疼痛，甚至肛門口突出一團組織。治療孕媽咪痔瘡的方法包括：

1. **多喝水和吃富含纖維的食物預防便祕**。如果飲食治療效果不彰，請告訴妳的產科醫師，可處方口服軟便藥。

2. **孕媽咪使用局部塗抹痔瘡藥膏非常安全**。塗抹痔瘡藥膏可有效達到消腫、止痛和止癢的效果。

3. **考慮外科治療**。懷孕期間的痔瘡手術也十分安全。

痔瘡就是肛門的靜脈曲張

事實上，痔瘡就是發生在肛門的靜脈曲張。懷孕期間，因為血液容量大增、子宮脹大而影響股靜脈和骨盆靜脈叢回流不順暢，常會加劇下半身的靜脈曲張。嚴重的痔瘡造成肛門往外鼓出一大團，肛門腫脹而非常疼痛，真會叫人坐立難安。這時候局部塗抹藥膏的訣竅是：睡覺前洗乾淨患部，用手指頭將藥膏塗抹在腫脹的痔瘡，並輕輕的將痔瘡往肛門裡面塞回去，再夾緊肛門，洗淨雙手，上床躺平睡覺，隔天早上就會感覺好很多了。要記得，用來塗藥的手指頭的指甲要剪短、磨平。因為局部使用痔瘡藥膏被吸收的量不高，因此對胎兒相當安全，孕媽咪每天可以使用2~4次，尤其建議在每次解大便後和睡覺前使用。幾乎所有的孕媽咪只要預防便祕和局部塗藥就可以有效控制痔瘡，所以手術的需要性很低。而在產後回診時，懷孕期間的痔瘡幾乎都已完全消失。

孕媽咪的靜脈曲張也可能發生在陰唇和雙腳。發生靜脈曲張與體質有關，媽媽或姐姐如果曾經發生過靜脈曲張的孕媽咪也容易罹患。治療下肢的靜脈曲張的方法有：休息時墊高下肢、睡覺時左側躺、避免長時間站立或久坐、適度的運動下肢、與穿著彈性襪。在醫院工作的醫護同仁都知道這個道理，而使用有效的彈性襪。很奇怪的，大部分效果良好的彈性襪顏色不太自然，所以同仁彼此會互相取笑：「小腿看起來像是義肢。」

治療孕媽咪痔瘡的方法包括：

1. 多喝水，多吃富含纖維的食物，預防便祕。
2. 孕媽咪使用局部塗抹痔瘡藥膏非常安全，可有效達到消腫、止痛和止癢的效果。
3. 如果考慮外科治療，懷孕期間的痔瘡手術也十分安全。

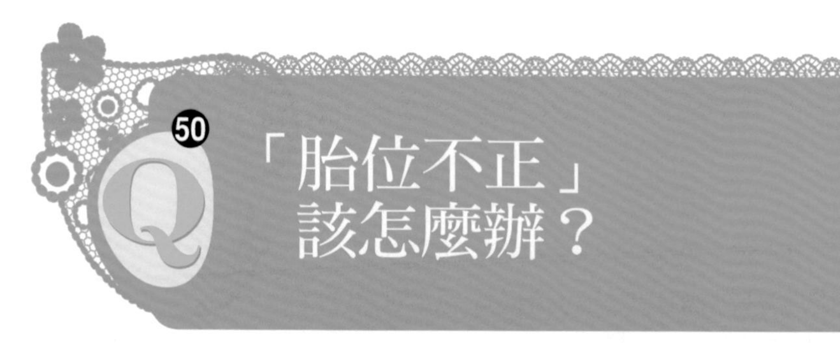

「胎位不正」該怎麼辦？

> 如果孕媽咪沒有剖腹產的醫療適應症，在懷孕30~32週的時候，如果看到胎位不正，我就會建議她做「膝胸臥式」的胎位矯正運動，至少有一半的孕媽咪會變成胎位正常。

所謂「胎位不正」是指到了足月懷孕的時候，胎兒的頭部並不是朝著陰道開口的方向，所以胎位不正包括臀位、橫位、斜位，其中以「臀位」最多，統計上約占所有產式的5~8%。相反的，**所謂「胎位正常」是指胎兒的頭部朝向陰道開口，就是：當孕媽咪站立的時候，胎頭朝下。**

「超音波」已經是產科門診的必備工具了，所以每次的產前檢查都會用超音波評估胎兒的成長，當然也會知道胎位。懷孕中期之前，胎兒還小，所以只佔據小部分的子宮內羊膜腔，胎兒可以在羊膜腔裡隨意地漂來漂去，所以這個時期的胎位並不重要，因為現在看到胎頭朝上，過一會兒可能就變成胎頭朝下了。然而到了懷孕滿32週，大約八成的懷孕已經有正常胎位，也就是說胎頭該朝下了。

如果孕媽咪本來沒有剖腹產的醫療適應症（例如曾經接受過子宮肌瘤切除術），在懷孕30~32週的時候，如果看到胎位不正，我就會建議她做「膝胸臥式」的胎位矯正運動，至少有一半的孕媽咪會變成胎位正常。

操作「膝胸臥式」胎位矯正運動有下列要點：

1. 操作的檯面不能太軟，絕對不能在軟彈簧床上做。如果家裡設榻榻米的和房最理想；如果沒有，可以在乾淨的地板上鋪上瑜伽墊，或者至少要在膝蓋下方鋪上軟墊，避免因為膝蓋疼痛而無法持久。

2. 在孕媽咪感覺到「胎兒在子宮內滾動時」才操作膝胸臥式。因為胎兒也會有自己的活動週期，為了配合胎兒的明顯滾動時段，每天的操作並不需要在同一時間。

3. 操作膝胸臥式時，上胸和肩膀儘量放低、貼住檯面，以增加屁股翹高的角度。

4. 每次操作「膝胸臥式」至少15分鐘，比較有機會讓胎兒滾動到胎頭進入媽咪的骨盆內。操作過程中，胎兒變成完全靜止不動，孕媽咪就可以爬起來不要做了；等到感覺胎兒持續滾動的時候，才又操作。

5. 操作一個星期的胎位矯正運動後，就必須回門診檢查胎位。一旦確認胎位已經正常，就不可以再做膝胸臥式矯正運動了，以免胎位又改變。

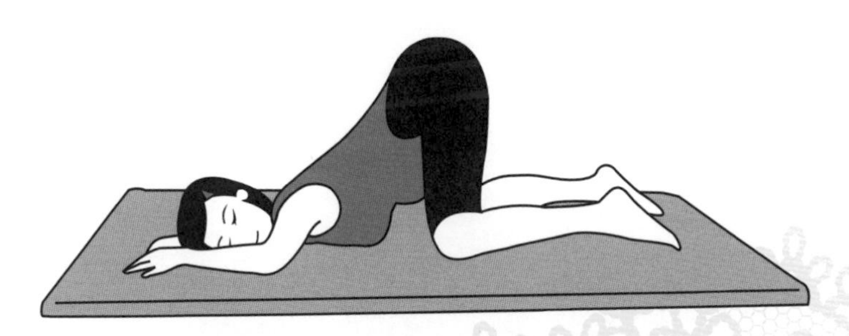

「膝胸臥式」胎位矯正運動，雙臂外展，
貼於床；臉轉側面，緊貼床面。

作法：
1. 身體採跪伏姿勢，頭側向一邊，雙手屈起，貼於胸部兩側地面，雙腿分開與肩同寬。
2. 胸和肩儘量貼近地面。
3. 雙膝彎曲，大腿與地面垂直，進行15分鐘。

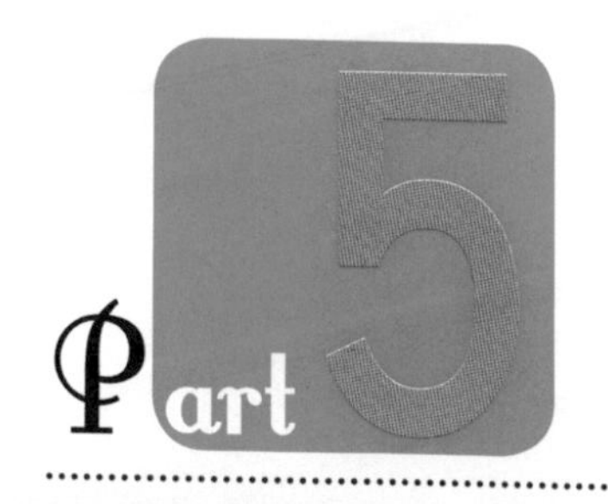

分娩前後的大小事

51 Q 發生哪些情況產婦必須馬上到醫院？

有些狀況發生時還是要立刻前往醫院檢查，尤其是孕期身體有不適的孕媽咪更是要多多注意。

雖然懷孕的孕媽咪不用隨時戒備、過於慌張，但是有些狀況發生時還是要立刻前往醫院檢查，尤其是孕期身體有不適的孕媽咪更是要注意。

懷孕期間若有出現下列的症狀（危險的徵象），應立即就醫：

1. 胎動明顯減少、甚至消失。（參見「Q43」）
2. 陰道突然流出水樣的液體。（參見「Q54」）
3. 大量的陰道出血，無論是否合併疼痛。（參見「Q45」）
4. 嚴重而持續的頭痛。（參見「Q47」）
5. 視力模糊。
6. 臉部和手部的浮腫。
7. 嚴重的上腹痛，有時會合併噁心、嘔吐。
8. 發燒或畏寒（突然的發冷）。
9. 持續而劇烈的子宮收縮痛，下腹變硬的像木板一樣。（參見「Q45」）

10. 尿量明顯地變少。（參見「Q33」）

孕媽咪一點通

孕媽咪不管是發生胎動減少或是破水、出血、嚴重頭痛、視力模糊還是劇烈收縮痛……等症狀，都最好到醫院檢查一下，不過也不用過度恐慌，就醫過程中還是要注意安全。

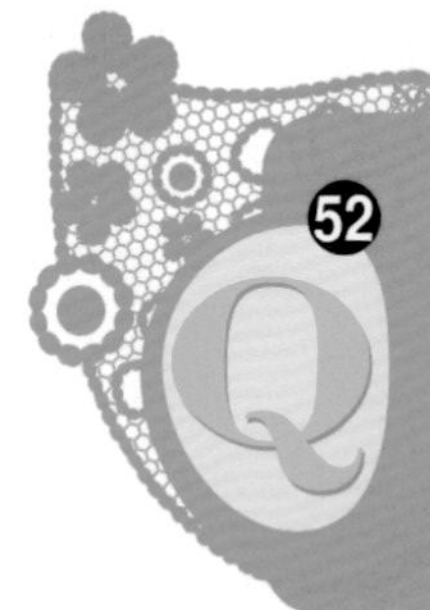

52 Q 分娩前會有哪些症狀？要準備什麼？

產兆有陰道出血、破水、規律的子宮收縮等，有產兆的時候，可以準備媽媽手冊、健保卡、身分證、盥洗用具和陪客的寢具等，一起去產房報到。

有些孕媽咪在懷孕中期就會問：「分娩前有哪些症狀？要出現哪些症狀，我才知道該到產房待產？」如果那位孕媽咪沒有早產現象，我就會請她稍安勿燥，告訴她當懷孕滿36星期之後，她每個星期會回診產前檢查，那時就會教她什麼是「產兆」，也就是孕媽咪必須到產房待產的症狀。

談到「產兆」之前，必須要先能「確認子宮收縮」；對一位產婦來說，「產兆」包括下列三種情況之一：

1. 陰道出血。如果只有粉紅色或咖啡色的血跡的，大概還不夠；必須看到鮮血、常常會合併有黏液分泌物。

2. 破水。（參見「Q54」）

3. 規律的子宮收縮。對一位懷孕足月的初產婦而言，每一個鐘頭會有10次以上的收縮，這個時候再去醫院就可以了；如果是第二胎以上的經產婦，產程的進展比較難以預料，所以如果經產婦一個鐘頭有5次的收縮，就值得到醫院的產房讓值班醫師評估子宮頸的情況。

孕媽咪一點通

對一位產婦，「產兆」包括下列三種情況之一：

1. 陰道出血：如果只有粉紅色或咖啡色的血跡的，大概還不夠；必須看到鮮血、常常會合併有黏液分泌物。

2. 破水。

3. 規律的子宮收縮。

53 住院分娩前要準備哪些用品？

懷孕36~37週左右，我就會建議孕媽咪到媽媽教室，接受資深護理人員的衛教；或是參考國民健康局印發的、全國通用的「媽媽手冊」最後幾頁中的資料，準備必要的住院物品。

新手孕媽咪和新手爸爸經常會問我：「住院生產要準備那些物品？」一般我會建議他們到媽媽教室，接受資深護理人員的衛教；或是參考國民健康局印發的、全國通用的「媽媽手冊」最後幾頁中的資料。

在懷孕36~37星期左右，我就會請孕媽咪到「產房」接受一次評估胎兒健康的非壓力性檢查（non-stress test, NST），一來可以掌握當時子宮收縮的情況和評估胎兒健康，二來可以讓孕媽咪「認路」，知道怎麼去到那間「24小時開放、全年無休的產房」。同時我會告知她們：當有產兆的時候，不論白天或晚上，不需經由急診室或門診區，就可以直接去產房報到。

下列簡單敘述住院分娩時，需要帶的東西：

1. 媽媽手冊。
2. 孕媽咪的健保卡，如果先生要施打百日咳疫苗（參見「Q66」），也要攜帶健保卡。

3. 準媽媽和準爸爸的身份證件（辦理寶寶的出生証明需要）。
4. 個人盥洗用具。
5. 陪客的寢具（小枕頭和棉被）。
6. 可以帶也可以暫時不用帶的是嬰兒的衣服用品，因為健保會給付健康新生兒3天的住院觀察期間，在那段期間，家人還有充分的時間來準備嬰兒衣物。

大部份醫院都會準備產婦的產褥包（含有產褥墊和傷口清理用品），提供孕媽咪選購，所以不用先行購買。另外值得提醒的是：住院期間，絕對不需要帶太多的現金；而存放少量現金、身份証件、信用卡、金融卡的皮包，最好選用那種讓陪客即使睡覺時也能隨身佩帶的那種，因為每個醫學中心的病房，都曾經被闖空門的小偷光顧過。

孕媽咪一點通

產房是「24小時開放、全年無休的」。當孕媽咪有產兆的時候，不論白天或晚上，不需經由急診室或門診區，就可以直接去產房報到。

54 我是不是「破水」了？

> 要確認是否破水，產科醫師會幫孕婦內診，取得一些陰道分泌物，用石蕊試紙做快速檢查。在有破水的情況下才會變成中性，會讓石蕊試紙變成藍色。

說到「破水」，雖然我本身是婦產科醫師，但是做為一個先生，在自己的太太發生破水時，我也經歷了一次難忘的窘態。我的太太是一位藥劑師，在懷大女兒到第36週的時候，半夜告訴我她有些腹痛，我在迷迷糊糊睡覺中，當時以為她可能是吃壞了肚子而有腸子絞痛，請她自己起來服用消除平滑肌痙攣的藥物，我的那位優雅的太太體恤我當小醫師很辛苦，一整夜就沒吵我，直到早上6點多才告訴我：「我可能破水了？」我伸手一摸，發現被單都溼了，才猛然跳起來，趕快送她到我服務的醫院，一個小時後，我的大女兒就誕生了。

產科醫師一般都會交代孕媽咪：「一旦出現破水，不管是在任何懷孕週數，都要趕快到醫院評估。」而在懷孕末期，大部份孕媽咪的陰道分泌物會增多，造成內褲底部常會感覺溼溼的，所以常有孕媽咪擔心自己是否破水了。為了避免很多「假警報」，我會提醒孕媽咪：「真正破水的時候，妳的裙子或是外褲會整個濕掉；坐在椅子上，椅子會弄濕；躺在床上，也會弄濕床單。」

要確認是否破水，產科醫師會幫孕媽咪內診，取得一些陰道分泌物，用石蕊試紙做快速檢查。石蕊試紙本來是很淺的粉紅色，遇到酸性的液體會保持原來的粉紅色；如果遇到中性或是弱鹼性就會變成藍色。在正常乳酸菌作用下，正常陰道的分泌物是酸性，而在有破水的情況下才會變成中性，會讓石蕊試紙變成藍色。除了這種用酸鹼性來評估是否破水以外，生物科技公司也提供其他方法可以更精確的確認破水，例如市面上有一種 Actim PROM 的產品，可偵測到大量存在於羊水中的類胰島素生長因子結合蛋白 1（IGFBP1）。因為子宮頸分泌物中的 IGFBP1 很少，所以一旦子宮頸分泌物檢測到 IGFBP1，就可以確認破水。

孕媽咪一點通

一旦出現破水，不管是在任何懷孕週數，都要趕快到醫院評估。科醫師會幫孕媽咪內診，取得一些陰道分泌物，用石蕊試紙做快速檢查，在正常乳酸菌作用下，正常陰道的分泌物是酸性，試紙呈現粉紅色，而在有破水的情況下才會變成中性，會讓石蕊試紙變成藍色。

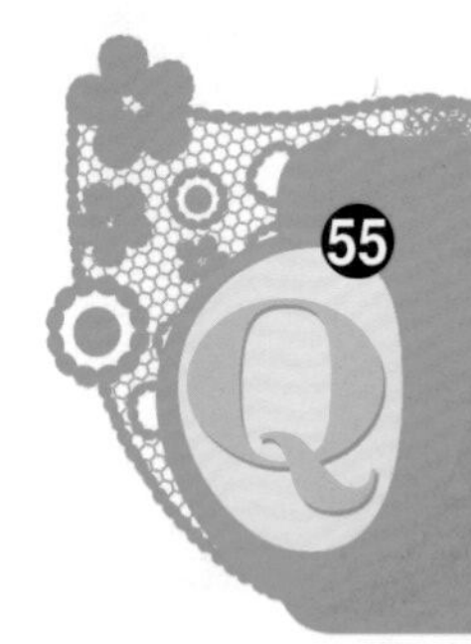

55 「無痛分娩」安全嗎？

產科的無痛分娩通常是照會麻醉科醫師來操作，麻醉科醫師會先評估妳的過去的病史、現在所有服用的藥物和血液檢查值，如果妳有造成血小板太低的疾病、或正在服用抗凝血劑，麻醉醫師會與妳討論能不能做無痛分娩。

我記得曾有一位孕媽咪生完第二胎後的回診，很失望的表示她兩次都沒有接受無痛分娩：第一胎因為不知道有無痛分娩而沒有做，感覺很痛，之後聽同事說無痛分娩的好處，她決定第二胎一定要作；而第二胎的產程因為進展得很快，所以還來不及接受無痛分娩，就生下寶寶了。我只好安慰她：妳省下了兩次無痛分娩的自費金額，可以去買一個名牌包包犒賞自己。

就痛的強度來說，「產痛」是婦女一生中可能經歷的「最痛」。儘管如此，因為疼痛是一個很主觀的感覺，每一個人的耐受力差異很大，例如，當子宮收縮強度記錄器顯示子宮收縮到同樣強度時，有些孕媽咪感覺「痛不欲生」，而另外有些孕媽咪只有感覺「痠痠的」。所以當孕媽咪剛住院待產時，我會告訴她：「無痛分娩是一個可以幫助妳度過分娩過程中，等待子宮頸全開這段過程的一種麻醉方法。根據妳接下來對疼痛的感受敏感度，妳自己才決定是否需要接受自費的無痛分娩；並不是每一位產婦都要接受無痛分娩，才能夠完成分娩。」

產科的無痛分娩通常是照會麻醉科醫師來操作，麻醉科醫師會先評估妳的過去的病史、現在所有服用的藥物和血液檢查值，如果妳有造成血小板太低的疾病、或正在服用抗凝血劑，麻醉醫師會與妳討論能不能做無痛分娩。無痛分娩是把一條很微細的小管子放入腰椎的硬膜外的空腔，將麻醉藥經由那條小管來阻斷痛覺。因為產程的時間很難預料，麻醉藥物會經由一個精密的控制器，由麻醉醫師調整持續輸入的劑量，以獲得長時間的止痛效果。

有一些產婦的長輩，一聽到無痛分娩必須從腰椎放入小管子，就會擔心從這種穿刺「龍骨」的方法，聽說會造成以後的腰痠背痛；其實這種顧慮是沒有必要的。許多研究資料顯示：硬膜外無痛分娩和日後的腰酸背痛沒有相關。現代人的腰酸背痛非常常見，即使沒有接受過任何腰椎麻醉的男人，許多人在中年以後也會患有腰酸背痛的，這個現象是我們在生物演化上，從四足動物進化到雙足動物後，所必須付出的代價。

就像任何醫學術式一樣，少數硬膜外無痛分娩也有下列合併症：待產過程中產婦的體溫升高、局部產生血腫、脊椎麻醉後頭痛、全身顫抖等等。這些少見的合併症，經過麻醉醫師處理，都能完全復原而不致造成任何後遺症。

孕媽咪貼心話

有一些產婦的長輩，一聽到無痛分娩必須從腰椎放入小管子，就會擔心從這種穿刺「龍骨」的方法，聽說會造成以後的腰痠背痛；其實這種顧慮是沒有必要的。許多研究資料顯示：硬膜外無痛分娩和日後的腰酸背痛沒有相關。

56 準爸爸可以陪著進產房嗎？

在自然分娩過程中，歡迎準爸爸進入產房陪產。但要記得陪產是為了幫助準媽媽度過這個辛苦的時刻，隨時提醒孕媽咪如何放鬆。孕媽咪必須用力時，準爸爸可以扶著孕媽咪的頭、協助她有效的用力，這樣才是善盡陪產者的角色。

在做產前檢查門診的時候，孕媽咪常會問：「先生可以進入產房陪產嗎？」好幾年來，我都對孕媽咪及先生回答：「在整個待產過程，你都會陪在產婦的旁邊。如果妳是醫師、牙醫師或者是獸醫師，我才會建議你進入產房陪產。」我所以會這樣回答，是基於我有一位美國朋友的親身經驗。在美國，先生進入產房陪產是很常見的事，但是那位沒有醫學訓練背景的朋友，曾對我提起：在目睹胎兒從陰道分娩後，那些胎脂、胎膜、羊水從陰道 迸出來，血污、濕淋淋的景象，對他的心理留下很大的衝擊，甚至影響了好幾年的性生活。

但隨著現在的潮流，越來越多的先生，希望能夠參與他們家庭中，迎接新生命的這一刻。因此，我現在也歡迎先生進入產房陪產，唯一要求是：他們不要太過於好奇，探頭過來看我們臨床處理操作的這部分；當然，有醫學訓練背景的先生不在此限。

先生陪產要善盡鼓勵的角色

先生進入產房可以做什麼呢？許多先生期待拿著相機甚至攝影機猛拍照；反而忘了進去產房陪產的用意，是要鼓勵、支持產婦最後衝刺的那一刻。有一次在飛機上鄰座有位美國老先生告訴我：在他的親身陪產過程中，先生倒是扮演一個關鍵角色。他的太太在禮拜天下午分娩，等了好久後，產科醫師終於從網球場上趕到了產房，穿著短運動褲、戴著太陽眼鏡的醫師還汗流浹背。寶寶順利生下來了，醫師一面縫著陰道傷口，一面抱怨著燈光太暗了，要求流動護士幫忙調整手術燈，護士在醫師背後把手術燈角度調來調去，醫師都不滿意亮度。先生終於發現了，告訴醫師說：「把你的太陽眼鏡拿下來，可能就夠亮了。」

在自然分娩過程中，歡迎準爸爸進入產房陪產。但要記得：陪產是為了幫助準媽媽度過這個辛苦萬分的時刻，如果孕媽咪是一位參加比賽的運動選手，準爸爸是她的最佳隊友或是教練，可以提醒她如何放鬆，可以扶著孕媽咪的頭、提醒她有效的用力，這樣才是善盡陪產者的角色。

孕媽咪一點通

在自然分娩過程中，歡迎準爸爸進入產房陪產。但要記得：陪產是為了幫助準媽媽度過這個辛苦萬分的時刻，準爸爸可以提醒她如何放鬆，可以扶著孕媽咪的頭、提醒她有效的用力，這樣才是善盡陪產者的角色。

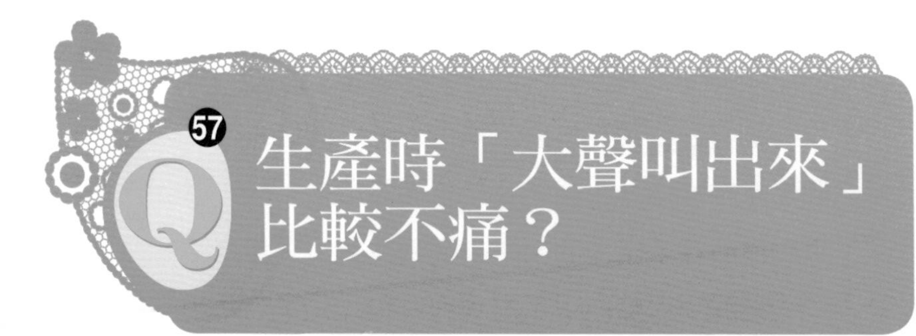

生產時「大聲叫出來」比較不痛？

在整個待產過程中，大部份的時間是耗在等待子宮頸全開，這段期間在懷第一胎的初產婦平均是12~18小時，而在第2胎以上的經產婦則縮短為2~12小時。而在子宮頸還沒有全開之前，產婦最好不要用力。

最近有部電影叫做「備胎女王（Backup Plan）」，電影中分娩的情景：「產婦歇斯底里的嘶叫之後，娃娃就生出來了」，正可以反映出一般人對分娩時用力的誤解。我很幸運，因為我接生的產婦絕大多數都非常優雅的分娩，能夠配合子宮收縮時安靜的往下用力；偶而遇到少數產婦無法控制呼吸而震天狂叫時，我都會想起20多年前，指導我們的總醫師在值班室的感言：「聽到那種嘶叫聲，真想脫下襪子塞到她的嘴巴。」

在現代社會中，女性常因為努力於自己的學業、事業，所以結婚生子的年紀越來越往後延遲。在接生的時候，產科醫師在孕媽咪的子宮頸全開以後，才請孕媽咪開始往下用力、娩出胎兒。然而，在這個需要用力的時候，接生經驗告訴我：20來歲的產婦，體力上要比30多歲的產婦來得好很多。所以30幾歲的孕媽咪，更需要有充分的心理準備、懷孕中分娩前的體力訓練，才有可能優雅的分娩。然而只要有信心、充份準備，是絕對可以達到這個目標的。最近有兩位張姓產婦，在產台上鎮定的態度、配合子宮收縮而往下用力的效率，在兩位並沒有接受「無痛分娩」的麻醉下，她們優雅的分娩過程，贏得我最高的敬意。

子宮頸全開孕媽咪才開始用力

在整個待產過程中，大部份的時間是耗在等待子宮頸全開，這段期間在懷第一胎的初產婦平均是12~18小時，而在第2胎以上的經產婦則縮短為2~12小時。而在子宮頸還沒有全開之前，產婦最好不要用力，雖然在持續30秒到1分鐘的收縮，那種子宮酸痛會讓準媽媽很想用力，但是那時候的用力於事無補，反而增加子宮頸水腫或是日後子宮下墜的機會；所以這段期間，我常建議產婦在子宮收縮痛的時候，嘴巴打開像吹蠟燭一樣的呼氣，轉移整個注意力到呼吸的調節，待產的子宮收縮與酸痛大約1分鐘就會消退了。

相反的，在子宮頸全開以後，我會教導產婦配合每次的子宮收縮而用力，這時候的用力方式應該往下部持續用力。我最常用的比喻就是：「想像著便祕時，要往下解硬大便的感覺」。這時候建議產婦不要出聲音，因為發出聲音就會把力道從喉嚨洩漏出來了。在接生的時候，除了指導產婦「不可放聲大叫」以外，我也注意看著產婦用力時的臉色，如果她漲得滿臉通紅，表示並未有效率的往下用力，而是整個力道擠在脖子或臉部。這時候，只要提醒產婦集中精神在「往下解硬大便」的感覺，並且請孕媽咪眼睛盯著肚子看（這時候產婦常會彎起脖子，而有助於用到腹部肌肉），產婦用力時的滿臉通紅就會改善了。

如果力道一直擠在脖子或臉部，除了將胎兒往外娩出的效率不好以外，還會造成產婦臉部或是眼白的小血管破裂出血，造成產婦臉上出現無數個微小紅斑或是兩眼通紅，讓產婦在隔天照到鏡子時會大吃一驚。還好，這些出血大概在2~4個星期後，就會消失而不留下痕跡。

孕媽咪一點通

產婦在子宮收縮痛的時候，嘴巴打開像吹蠟燭一樣的呼氣，轉移整個注意力到呼吸的調節，待產的子宮收縮與酸痛大約一分鐘就會消退了。

58 Q 媽咪想哺餵母奶，要有什麼準備呢？

（撰文：柳素真護理師）

希望能夠成功餵母奶的準父母，要事先與幫忙作月子的長輩、家人溝通，並安排好細節事宜，像是換尿布、安撫、媽媽的體能和營養等，都是必須考慮的。

希望能夠成功餵母奶的準父母，要事先與幫忙作月子的長輩、家人溝通，並安排好下列事宜。新生兒在母親身邊可以獲得抵抗力、血糖及體溫都較穩定。但是，誰會換尿片？誰會安撫寶寶？誰會和媽媽一同參加產前教室？回家是否分享與討論月子裡嬰兒的餵食方式？有沒有正確的學習對象？一些對哺乳疑慮是否已獲得解釋？孕媽咪體能在產前一個月是否維持良好？飲食營養是否均衡？是否適度的散步及練習深呼吸等？

國民健康局針對產後哺乳初期嬰兒常見問題，歸納了以下幾點：新生兒低血糖、新生兒黃疸、嬰兒排泄、嬰兒哭鬧。很多人會因為擔憂新生兒低血糖、新生兒黃疸、小便排出太慢或嬰兒哭鬧，而給予哺乳嬰兒不必要的配方奶或葡萄糖水。其實大部分的這些問題都是可以預防的，如果我們可以徹底執行愛嬰醫院的所有措施，讓嬰兒出生後就能正確的含吸乳房，並且吃到奶水。

1999年「哺乳醫學會」針對低血糖的建議指引，說明健康的足月嬰兒不會因為吃不好而有低血糖症狀；如果真有低血糖，則要考慮該嬰兒是否有潛在疾病。有低血糖危險因子的嬰兒（例如孕媽咪有糖尿病），應在出生兩小時內接受血糖檢查，並持續到有幾次皆為正常。出生一小時內開始哺育母乳可以減少嬰兒低血糖。母嬰的肌膚接觸，可以促進母乳哺育的開始及建立，並且減少嬰兒的低體溫，減少能量的消耗。一天應該至少餵食10~12次，並且在嬰兒有飢餓的表現就哺乳。

何謂「適當地哺乳」？

所謂適當地哺乳包括：出生一小時內即開始哺乳，頭一兩週每天至少哺乳10~12次（在此必須再次提醒媽媽，數字只是做個參考，更重要的應該確認嬰兒的每一次餵食都有喝到奶水），不要添加任何其他食物或飲料，哺乳及含乳姿勢正確，而且嬰兒體重減輕小於10%。

研究發現：適當地哺乳嬰兒和人工哺育者比起來，並不更容易有黃疸。所以應該從一開始就適當的哺乳，以減少黃疸的機會。如果有黃疸時，應觀察嬰兒哺乳的情況，確認嬰兒吃到奶水。如果嬰兒吃得不好時，修正嬰兒的含乳姿勢，擠壓乳房。有必要補充奶水時，最好使用哺乳輔助器。

柳樹（柳素真）的網路影片連結：

1. 修正嬰兒的含乳（latch on）http://www.youtube.com/user/susan9311#p/a/f/2/Zln0LTkejIs
2. 擠壓乳房（compression）http://www.youtube.com/user/susan9311#p/a/f/2/Zln0LTkejIs
3. 使用哺乳輔助器補充母奶 http://www.im.tv/vlog/personal/2265674/6684689
4. 含有上述三項的柳樹網站

http://s837.photobucket.com/albums/zz297/willow_088/relative%20breastfeeding%20skill/?start=all

孕媽咪一點通

適當地哺乳嬰兒和人工哺育者比起來，並不更容易有黃疸。所以應該從一開始就適當的哺乳，以減少黃疸的機會。

59 寶寶會不會吃不飽？

（撰文：柳素真護理師）

> 媽媽會觀察寶寶的尋乳反射嗎？還是照時刻表餵奶？要小心「哭」是一種忍無可忍的極限，不要常去考驗寶寶的極限，習慣哭鬧時才有的吃時，會帶來許多不良後果，像是脹氣、溢奶、吐奶等。

「寶寶吸母奶為什麼不能一鼓作氣呢？」請媽媽們一定要確認以下情況是否都做對了：

1. 寶寶穿著是否夠清爽？先去除過多包布的捆綁。

2. 寶寶哭很久或吞食空氣過多？試著抱起來拍背排氣，先安撫寶寶情緒和他說說話，以免馬上餵食而吐奶。

3. 媽媽會觀察寶寶的尋乳反射嗎？還是照時刻表餵奶？要小心「哭」是一種忍無可忍的極限，不要常去考驗寶寶的極限，習慣哭鬧時才有的吃時，會帶來許多不良後果，像是脹氣、溢奶、吐奶等。

4. 媽媽的餵奶姿勢夠支撐及舒適嗎？或是否很緊張而且腰酸背痛？知道如何調整寶寶含乳姿勢嗎？有找到正確的諮詢指導者嗎？

5. 是否因為不會手擠奶而常借助吸奶器，使乳頭疼痛、水腫、受傷，或深層乳汁阻塞，奶量明顯變少了？不順暢的乳腺管會使寶寶更難滿足，尤其是吸過奶瓶、奶嘴後，新生兒很容易分辨哪一種吸吮模式是輕鬆容易得到奶水，親餵初期的乳汁流速忽快忽慢，會讓曾經吸過奶嘴奶瓶的新生兒倍感挫折。

6. 餵奶過程妳有換邊餵嗎？請注意，如果一邊乳房尚未吸到全軟，或乳房深層的油脂尚未排出時，請不要換邊，但妳可以換個姿勢、角度，或起身喝喝水、拍拍肩膀、甩甩手、溫水毛巾擦擦汗，及按摩一下深層乳腺組織、放些自己喜歡的音樂……等，當妳的寶寶吸到嘴酸人累時，以上休息妳都可以做。

請不要急著用牛奶餵飽新生兒，因為母奶是源源不絕、越吸越多，由神經刺激分泌的活性液體，抗病毒細菌微生物，牛奶怎能和人奶比？下列實例請供參考：

《案例1》產後四天擔心奶量不足

我是一位新手媽媽，寶寶才一個禮拜大，寶寶出生時3915g，食量比一般小朋友大，而我才剛開始學習餵奶，那種有奶卻追不上的感覺讓人好氣餒，每次餵完母奶後寶寶還要喝60c.c.的配方奶，寶寶越來越嫌棄我母奶量不夠，常常邊吸邊跺腳邊哭，我實在好氣餒，但又不想放棄，我該如何是好？一邊奶的奶水量快60c.c.，這樣是算多還是少？

護理師答覆：

不能以妳擠出的量來判斷寶寶喝到的量喔！因為寶

寶的嘴，比手擠機器擠還有效的，後奶的油脂多因而奶速慢，妳不容易擠出來是因為它靠的是噴乳反射，寶寶的嘴正好可以誘發這反射，當媽媽子宮有痛痛的收縮感覺時，乳房後段的油脂就很容易往前走，寶寶一定喝得到的，媽媽就全力親餵就好。目前，可以把擠奶的力氣省下來，因為過度擠奶只會讓妳的奶水過多而阻塞乳腺的。建議「全力親餵」＋「含對、抱對」，這樣就對了！

《案例2》性子急不耐煩的寶寶

我兒子前陣子親餵時，奶陣來的時候就拼命吸，奶陣結束後，吸吮一陣子後就會開始發脾氣，是不是因為奶陣流量大，奶陣結束後流量變小變慢的關係？這樣的情況已經大約一個月了。昨天晚上，睡前餵奶時又出現這樣的情況，除了發脾氣還哭鬧起來，看他哭鬧的樣子，就像是喝不飽的感覺？我看了給保母的奶瓶洞是沒有變大，保母也不會隨便買奶粉來泡給他喝，可是他就是喝到會發脾氣，昨天晚上一直鬧又不睡覺，只好請老公補60c.c.的配方奶給他，喝完又吵著要吸奶睡覺，讓我整個很混亂。

護理師答覆：

有時性子急的孩子會等不及，他們習慣大口大口喝和吞。但請注意一下：寶寶喝奶時，是不是穿太多衣服，發熱不舒服了，所以發脾氣？喝奶需要用到力氣，孩子總是滿頭大汗嗎？通常我們都建議喝奶時讓寶寶少穿一點、涼快點，調節室溫在攝氏25度最舒服。喝完擦乾汗水後，再把衣服穿起來，這樣也不容易著涼。家中長輩總是會在一旁給予哺乳媽媽意見，像是：會捂到寶寶鼻子、衣著太少會受涼等；這些都是很容易干擾正確含乳及新生兒與母親的哺乳姿勢。在醫院親子同室時，護理師正可以協助衛教一些長輩謬誤的育嬰觀念。

哭並不見得是沒喝飽；有時要觀察是否可能有「腸絞痛」，這時也會邊喝邊哭。看看寶寶是否雙腳一直用力蹬，怎麼安撫都沒用，表情及身體語言都很不舒服的模樣。這時候就不要再一直灌食，寶寶喝適量就行了，抱起來安撫，轉移一下注意力。下次試試喝奶前20分鐘，先幫寶寶按摩肚子。喝完奶可抱直盤腿，協助排氣打嗝，肚子不脹氣後，自然不會喝奶哭鬧。

孕媽咪一點通

餵奶過程妳有換邊餵嗎？請注意，如果一邊乳房尚未吸到全軟，或乳房深層的油脂尚未排出時，請不要換邊，可以換個姿勢，或起身喝水、拍拍肩膀、甩甩手、溫水毛巾擦汗，及按摩一下深層乳腺組織、聽自己喜歡的音樂，或當寶寶吸到嘴酸，以上休息妳都可以做。

60 Q 要怎樣才能成功的餵好母奶？

（撰文：柳素真護理師）

餵母奶失敗的情況大多發生於產後初期，而常見原因有：不會抱、奶量不足、支持系統薄弱，尚有疲憊，睡眠不足，產後健康保健工作團隊未適時協助，產婦以配方奶取代母奶後乳汁更加減少等等。

柳樹（柳素真）的哺乳指導口訣：

恭喜媽媽生寶寶，身體辛勞想睡覺
又怕寶寶吃不飽，一天兩天哇哇吵
不是媽媽奶沒到，哺餵母乳有訣竅
寶寶白天愛睡覺，夜晚醒來不停吵
生理時鐘在子宮，來到世界不輕鬆
央求爸爸勤練功，手擠母乳湯匙餵
學習通乳捶雙腿，腋下梁丘足三里
肝經胃經有學理，一天拍它三四回
含乳抱姿練武功，夜晚泌乳快成功
乳房脹痛有先兆，冷敷要比熱敷好
孩兒躺餵大口吸，親子同室救媽咪
產後學習很重要，各種姿勢喬一喬
家人支持是首要，共同幫忙新手媽
持續哺乳沒煩惱，寶寶健康身體好

文獻指出，餵母奶失敗的情況大多發生於產後初期，而常見原因有：不會抱、奶量不足、支持系統薄弱，尚有疲憊，睡眠不足，產後健康保健工作團隊未適時協助，產婦以配方奶取代母奶後，乳汁更加減少等等。

住院期間要準媽咪要好好學習

產婦喂母奶的知識來源可歸納為：一是書籍雜誌，二是親朋好友，三才是醫院中的護理人員。在母嬰認證通過的醫療院所中，原本就有一系列協助母親成功餵母奶的措施，例如：產後儘早吸吮乳房體貼母嬰的「母嬰同室」、幫忙早產兒住加護病房的媽媽維持乳汁分泌、儲存乳汁的擠奶指導及「集乳室設施」。產後住院期間，如果沒有好好利用這些措施，實在太可惜了。

但是，在母嬰同室的過程中，產兒科護理人員扮演協助角色時，也常會遇到下列阻力。一是信心不足，不論是產婦或家屬，一聽到新生兒哭就慌了手腳，以為寶寶吃不飽才哭。二是育嬰態度有差距，反對母嬰同室的長輩，認為新生兒放在身邊，擔心會黏人而以後難帶，產婦會壓到小孩，或產婦無法好好休息。

最常使母嬰同室終止的原因，是新生兒全是「夜貓族」，白天猛睡，夜間猛哭，令全家作息大亂，精神耗弱，不得不帶回嬰兒室「避難」。殊不知夜間「泌乳激素」及「生長激素」分泌旺盛，縱使避開了寶寶，乳房受了激素的影響，等不到天亮就已血管充盈腫脹，在沒人吸吮的情況下，更加一發不可收拾。因為全家白天努力想吵醒寶寶，並未協助產婦擠壓乳房，一等夜間寶寶醒來想吸時，已有某種程度的阻塞。另外小寶寶與媽媽還沒學會如何合作無間、舒適地吸吮乳房。所以，夜間才是學會餵母奶的大好時機，白天實在應該限制訪客，讓母、嬰都能好好熟睡半天，養精蓄銳，以待太陽下山後，發憤學習哺餵母奶。

孕媽咪一點通

餵母奶失敗的情況大多發生於產後初期，而常見原因有：不會抱、奶量不足、支持系統薄弱，尚有疲憊，睡眠不足，產後健康保健工作團隊未適時協助，產婦以配方奶取代母奶後，乳汁更加減少等等。

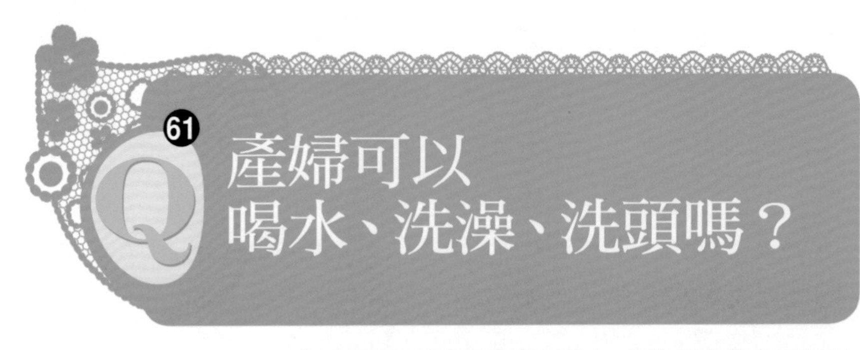

流言中，產婦不能喝白開水，因為喝白開水會造成「大肚桶」。這個流言不但完全沒有醫學根據，反而會害到產婦。

不知道從什麼時候開始，產婦與她的媽媽或婆婆開始出現一個流言：產婦不能喝白開水，因為喝白開水會造成「大肚桶」。這個流言不但完全沒有醫學根據，反而會害到產婦。所以，我每次查房去看產婦，一定會再次叮嚀：「口渴的時候一定要喝水。」

產婦一定要充分飲水

產婦一定要飲用充足的水份，因為可以增加尿液的量，解出大量的尿液能夠有沖洗膀胱的作用，是最有效預防膀胱炎的方法。補充足夠的水份也是產婦泌乳所必須，可以避免乳汁過於濃稠而不易分泌出來。我也常常教導醫學生，產婦在產褥期如果有發燒，一定要檢查尿液與觸診乳房，因為膀胱炎和乳房炎是最常見的原因。而產婦飲用充足的水份，就可以避免這兩個合併症。當然水分的補充，可以來自魚湯、菜湯、水果、果汁等等，但口渴的時候，清涼的白開水、礦泉水是我們最自然會想到的，怎麼可以限制孕媽咪飲用呢？至於有些產婦做完月子之後，體態無法恢復懷孕之前的模樣，這是因為坐月子期間食用了高熱量營養品，加上運動不夠，造成脂肪累積，絕對不是因為喝太多水份來的。

產婦可以洗頭洗澡

另外一些長久以來、口耳相傳的產後禁忌還有「不能洗澡、不可洗頭」，在現代居住環境中，已經變得不合時宜了。在產後出院兩星期後回診時，甚至還可以看到有些產婦一頭油膩的頭髮，在得知她兩星期不敢洗澡也不敢洗頭之後，我開玩笑說她可能已長滿頭蝨了。我會建議產婦：出院回家後，在體力允許、會陰傷口沒有特別感染的情況下，就可以用溫度合適的溫水淋浴和洗頭。淋浴完馬上用乾淨的浴巾擦乾身體、吹乾頭髮。會陰的傷口可以依照在醫院所教導的：用無菌棉棒和煮沸過的溫水沖洗後，再薄薄的敷上醫院帶回家的抗生素軟膏，這樣就可以了。

孕媽咪一點通

產婦一定要飲用充足的水份，因為可以增加尿液的量，解出大量的尿液能夠有沖洗膀胱的作用，是最有效預防膀胱炎的方法。補充足夠的水份，也是產婦泌乳所必須，可以避免乳汁過於濃稠而不易分泌出來。

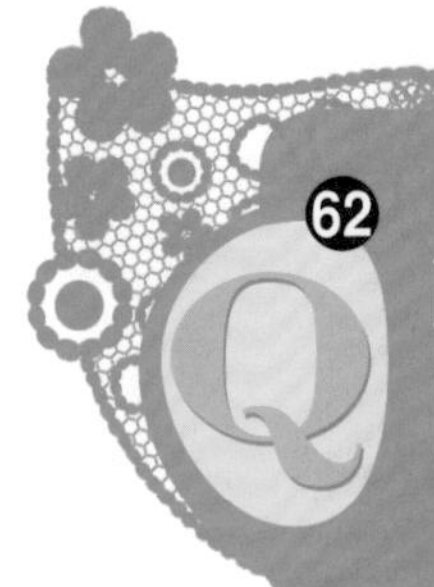

62 Q 餵母奶的媽媽可以吃藥、打針、喝酒嗎？

服用某些藥物時，必須小心調整餵哺母奶。藥物的特性決定它是否會從母親的血液傳送到乳汁。藥物是低分子量、高脂溶性、鹼性、不會離子化的、不會結合到蛋白質等，特別會分泌到乳汁。

產婦在產後回診時，我都順便詢問餵哺母奶的情況，得知產婦哺餵全母奶（也就是完全未添加配方奶）時，我都會由衷地讚美：「真是優秀的媽咪」。然而，當服用某些藥物時，就必須小心調整餵哺母奶。

藥物的特性決定它是否會從母親的血液傳送到乳汁。藥物有下列特性時，特別會分泌到乳汁：低分子量、高脂溶性、鹼性、不會離子化的、不會結合到蛋白質的藥物。如果新生兒是未足月的早產兒，因為其代謝能力較差，而且血液腦部的隔離層（blood brain barrier, BBB）尚未完整發育，更容易受到來自於乳汁的藥物影響，所以對於早產兒的哺育母乳需要特別小心，如果有疑慮，請先諮詢妳的寶寶的新生兒科醫師。

下列針對一些產婦在生產後可能會用到的藥物：

1. 抗生素：除了四環黴素以外，大部份常用的抗生素對於哺乳都很安全；當產婦哺餵早產兒、黃膽新生兒、蠶豆症新生兒的時候，不能使用磺胺類藥物。

2. 抗凝血劑：當產婦需要用到抗凝血劑時，都不能隨意停藥；還好，大部份抗凝血劑對於哺乳都很安全。

3. 癲癇藥物：雖然有些抗癲癇藥物在乳汁的濃度可以和產婦血中濃度一樣高，但是大部份抗癲癇藥物對於哺乳都很安全。

4. 感冒藥：治療流鼻水的抗組織胺、和治療鼻塞的類麻黃素對於哺乳都很安全。

5. 止痛藥：只要是不含可達因（codeine）的常用口服止痛藥對於哺乳都很安全。

6. 放射性造影劑：產婦在接受這類針劑後24小時內，必須擠出乳汁丟棄；而24小時之後的乳汁就很安全了。

7. 咖啡因：產婦喝咖啡後1~2小時，乳汁的咖啡因含量會最高；然而研究資料顯示，喝完一杯咖啡（大約含有100毫克咖啡因）之後哺乳，並不會改變嬰兒的心跳和睡眠型態。儘管如此，美國小兒科學會建議產婦1天不要超過兩杯的咖啡。

8. 酒精：酒精會降低乳汁的製造量；而且飲酒後，酒精也很快出現於乳汁，但大約兩小時後就被代謝掉。一般建議：飲酒後要等兩個鐘頭後才能餵奶。

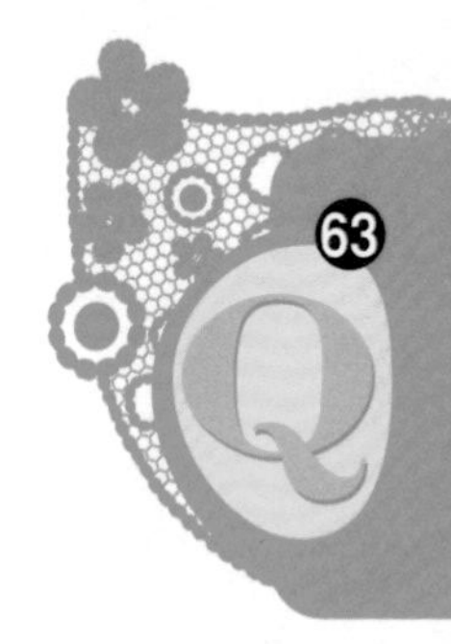

63 我需要喝「生化湯」嗎？

（撰文：廖芳儀中醫師）

生化湯為中醫傳統產後服用「去瘀血、生新血」的藥方，基本組成包含五味藥物（當歸、川芎、炮薑、桃仁、炙甘草），使用上皆類似西醫於產後使用止血劑、子宮收縮劑的功效，主要幫助產後子宮收縮、排除惡露，改善產後子宮血液循環。

飲用後發熱、感染，需停藥

一般中醫師對於生化湯的使用方法為自然產後服用5~7天，剖腹產後服用3~5天，小產或人工流產後可視情況服用，有時亦可使用在月經期間緩解經期的不適。

生化湯若非特殊體質不宜長期服用，各藥物之間的劑量比例亦需經由中醫師根據產婦情況作調整，長期服用容易造成產後惡露不止甚至大出血，反而不能達到既定的療效。如果產婦有凝血功能障礙或產後有發熱、感染情況，必須先暫停服用生化湯。

孕媽咪一點通

生化湯若非特殊體質不宜長期服用，各藥物之間的劑量比例亦需經由中醫師根據產婦情況作調整，長期服用容易造成產後惡露不止甚至大出血，反而不能達到既定的療效。

64 Q 產後中醫調理是什麼？

（撰文：廖芳儀中醫師）

> 婦女生產後六週是西醫定義的「產褥期」，表示為婦女產後復元的重要時期。在台灣特有習俗裡，生產完希望產婦能有休息、補充營養體力的休養時期，故中醫於產後30~40天有「坐月子」的傳統。

婦女生產後六週是西醫定義的「產褥期」，是婦女產後復元的重要時期。在台灣特有習俗裡，傳統農業社會的婦女平常忙於農事、家事，少有時間休息，平日飲食簡單甚至缺乏營養，故於生產完希望產婦能有休息、補充營養的休養期，故中醫於產後30~40天有「坐月子」的傳統。

隨著時代的進步，西醫保健觀念的融入及生活環境的改善，我們也必須改變「坐月子」的習慣。例如，傳統以為坐月子期間不應洗澡、洗頭的概念，可改變為在無風的浴室內可洗澡、洗頭，沐浴後應迅速穿衣、吹乾頭髮，如此即可達到個人衛生習慣的維持，也可以避免產後體質太虛，易受風寒感冒的問題。

坐月子期間水分的攝取很重要，也直接影響乳汁的產量，因此傳統觀念認為坐月子期間不喝水的習慣，也應調整為一日需補充1500~2000C.C.的水分（包括：坐月子的湯品、牛奶、溫水、杜仲水等），但不宜喝冷水或冰水，以溫熱飲品為佳。

一般而言，坐月子期間的中醫調養，宜分四個階段：

第一週。以生化湯為主方，主要幫助排除惡露及子宮、傷口復原，視產婦情況服用3~5帖即可，不宜多服以避免產後出血或惡露不盡的情況。

第二週。以調整腸胃吸收為主，中藥以四君子湯為底方加減，恢復因懷孕受壓迫而減少的腸胃蠕動功能，才能更有效率地吸收之後的補方湯品。

第三週、第四週後。以補養氣血為主要目的，開始服用麻油雞、八珍湯、十全大補湯等傳統坐月子食補藥膳。

另外，**哺乳的媽媽們需要節制米酒的用量，過量的酒精會經過乳汁影響新生兒，對其健康造成影響**，不得不慎。若需增加乳汁，可服用高蛋白食物或飲品（如：牛奶、豆漿等），建議可食用花生豬蹄湯或通草鯽魚湯作為食療配方，也可請專業中醫師針對體質開立藥方及飲食建議。

孕媽咪一點通

哺乳的媽媽們需要節制米酒的用量，過量的酒精會經過乳汁影響新生兒，對其健康造成影響，不得不慎。若需增加乳汁，可多服用高蛋白食物或飲品，或是食用花生豬蹄湯或通草鯽魚湯作為食療配方。

65 什麼是「產後憂鬱症」？

大約有10~15%產婦在分娩後的1~3個月間發生「產後抑鬱症」，有些甚至可延至產後6~9個月內才出現。症狀包括憂鬱、對任何事都提不起興趣、睡眠障礙（失眠或嗜眠都有可能）、體重減輕、倦怠無力、自覺一無是處、毫無理由的罪惡感、無法集中注意力與經常有自殺的念頭。

在我的產前檢查門診時，一位懷孕7個月的孕媽咪問我：「這幾個星期中，我常覺得很心煩呢。我住在高樓裡，有時看到窗戶都很想跳下去，我的先生只好把有窗戶的房間都鎖上。王醫師，我是不是得了憂鬱症？」

這位孕媽咪述說時看起來很輕鬆，並未帶著典型的愁眉苦臉，在一旁見習的醫學生忍不住地笑，直到被我狠狠地瞪一眼才又正色起來。門診結束後，我告誡那位實習生：「我們當醫師，得知任何人的自殺意念時，都要很嚴肅地正視這個訊息。因為那是病患透露出的求助信號。」

在臨床教學的同時，我不禁想起一類與懷孕生產直接有關的「懷孕期的抑鬱症」和「產後抑鬱症」。

女性比較容易得抑鬱症

大規模流行病學資料顯示，女性的抑鬱症罹病率為男性的 1.5~3 倍。女性抑鬱症的好發年紀為 25~44 歲之間，正好是常見的生育年齡。

約有 10~27% 的孕媽咪曾有過抑鬱症狀或罹患抑鬱症，那些原本就有抑鬱症的婦女，於懷孕期可能會復發，也有婦女是懷孕後才發病的。但懷孕的抑鬱症常被忽略了，主要因為抑鬱症的某些症狀與正常懷孕的不適很類似，例如：睡眠障礙，食慾障礙、性慾降低、易累等等。然而，必須要疑為抑鬱症孕媽咪的徵兆為：興趣冷感（意指喪失了以前很感愉悅的活動或人際關係）、自殺意念、絕望感、罪惡感及無法集中精神。而這些徵兆中，以興趣冷感及持續的抑鬱情緒為抑鬱症的重要特徵。抑鬱症的嚴重度在懷孕期間也會隨著孕期起伏，在第一個三月孕期最嚴重，第二孕期會稍改善，而第三孕期又較差。懷孕期中患有抑鬱症狀是預測產後抑鬱症最強的評估指標。

產後憂鬱症必須求助醫師

產後情緒疾病區分下列兩種情形：「產後情緒低落」與「產後抑鬱症」，也被稱為「產後憂鬱症」。在這兩種情形中，產後抑鬱症常常需要尋求精神科醫師診療。

「產後情緒低落期」是暫時性、會自行改善的，大約有 50~80% 產婦在分娩後會或多或少地經驗到這段產後情緒低落的時期，開始於產後第一天，應在第二週就開始改善。於此期間，產婦會感覺到焦躁、注意力不易集中、情緒不穩定、容易哭泣、失眠等症狀；不需要藥物治療，這些症狀會自然消失。相反的，大約有10~15%產婦在分娩後的1~3個月間發生「產後抑鬱症」，有些甚至可延至產後6~9個月內才出現。「產後憂鬱症」的症狀包括：憂鬱、對任何事都提不起興趣、睡眠障礙（失眠或嗜眠都有可能）、體重減輕、倦怠無力、自覺一無是處、毫無緣由的罪惡感、無法集中注意力與經常有自殺的念頭。若沒有接受積極的藥物治療或精神科治療，常會嚴重傷害到婦女的身心健康，且會長期影響母親與嬰兒的親子關係。

「產後抑鬱症」指產後四週內出現抑鬱症，盛行率約為5~20%，尤其在青少女妊娠最多。雖然是一個常發生的疾病，有時卻被病患無意或刻意地忽視了。大多數初為人母的產婦與初為人父的先生，本來就預期著：添增了一位寶寶後，生活與心情將會需要一些新的調適。所以，小兩口常常無法分辨出，那些身心變化屬於合理的心理反應，而那些則是異常的精神症狀。加上源自於一般社會觀念的要求，產婦常常自我期許成為一位「稱職完美」的母親。因此，當產婦察覺到自己不太對勁時，也常不願意啟齒求助。對於延遲診斷出「產後抑鬱症」，婦產科醫師也該負擔一些責任。有些婦產科醫師為了減輕產婦的心理壓力，過度地淡化了這些症狀可能的臨床意義。

懷孕期及產後抑鬱症的危險因子包括：過去有抑鬱病史、缺乏配偶的支持、婚姻危機、社會適應不良、人生遭遇不順、未預期的妊娠、失業等。懷孕是一個篩檢婦女是否患有抑鬱症的最佳時機，因為孕媽咪至少會有產前檢查可得到醫療關注時機，在婦產科以各項抑鬱篩檢量表來篩檢孕媽咪是否有抑鬱症，是最合乎經濟效益的。所以孕媽咪，如果妳有上述症狀持續、揮之不去，請妳不要害羞，開口詢問妳的產科醫師。

懷孕合併的抑鬱症與產後抑鬱症的產婦必須接受治療。除了心理諮詢治療外，也必須接受藥物治療，包括抗抑鬱藥物或抗焦慮藥物。儘管懷孕中服用精神藥物，對胎兒的副作用會使得孕媽咪及家屬遲疑是否該接受治療，但是，提醒孕媽咪：未接受治療的抑鬱症本身就對發育中的胎兒很不利。服用抗抑鬱症的婦女，常在受孕後停藥或減量，但必須注意：驟停精神藥物會造成很高的疾病復發率，所以這類的孕媽咪不可自作主張，隨便停藥。因為這類精神藥物會經由乳汁分泌，所以想要哺餵母乳前，請諮詢妳的產科醫師。

孕媽咪一點通

懷孕是一個篩檢婦女是否患有抑鬱症的最佳時機，因為孕媽咪至少會有產前檢查可得到醫療關注時機，在婦產科以各項抑鬱篩檢量表來篩檢孕媽咪是否有抑鬱症，是最合乎經濟效益的。

66 什麼是「新生兒的百日咳防護網」？

現在產科醫師預防新生兒百日咳是採取「包覆策略疫苗接種（cocooning）」，就是建議新生兒周遭的親人施打百日咳疫苗，就好像形成一個新生兒的百日咳防護網。

百日咳是由百日咳桿菌（Bordetella pertussis）所引起，人類是百日咳桿菌的唯一自然宿主。百日咳桿菌的傳染力很強，經由咳嗽、打噴嚏而飛沫傳染，典型的症狀有嚴重的咳嗽，成人、青少年或較大的兒童會有典型的吸氣性哮聲（whooping sound），而在嬰幼兒則常常以暫停呼吸、嘴唇發紫來呈現，症狀十分嚇人。

寶寶的周遭親人都要施打疫苗

台灣現行百日咳的防疫措施，是在嬰兒出生2、4、6、18個月各施打一劑「5合1混合疫苗」，於小學入學前再施打1劑「三合一疫苗」以加強對百日咳的免疫能力。然而在新生兒出生兩個月內，卻是一個百日咳防疫的空窗期。因此，現在產科醫師預防新生兒百日咳是採取「包覆策略疫苗接種（cocooning）」，就是建議新生兒周遭的親人施打百日咳疫苗，好讓會照顧到新生兒的媽媽、爸爸或是祖父、祖母獲得百日咳的免疫力，不會傳染百日咳，就好像形成一個新生兒的百日咳防護網。

目前台灣所用的百日咳疫苗是Tdap，施打Tdap疫苗不僅能有效產生免疫效果，也十分安全，在美國甚至建議懷孕末期的孕媽咪就可以施打。而在台灣的產科醫師則建議產婦分娩以後就應該馬上施打，同時也建議在新生兒周遭的親人也要儘快獲得對於百日咳的免疫力；所以最常見的是：分娩後住在產科病房期間，產婦和先生都一起施打Tdap。因為我們對百日咳疫苗所產生的免疫力並不太持久，所以感染科專家甚至建議：一般的成年人每10年就要打一次Tdap，以達到預防百日咳的目標。

孕媽咪一點通

目前台灣所用的百日咳疫苗是Tdap，施打Tdap疫苗不僅能有效產生免疫效果，也十分安全，在美國甚至建議懷孕末期的孕媽咪就可以施打；分娩後住在產科病房期間，產婦和先生都一起施打Tdap。

結語

曾經接受我產前檢查的孕婦，大概會記得她的產科醫師是一位在門診常會「碎碎唸」的中年男子。現在，我將大部份對產婦的叮嚀都記載於這本書了，對於閱讀過這本書的孕婦，我可省下許多的口沫唇舌，也許還可以改變我被套上嘮嘮叨叨的不良形象。

因為產科醫師不分日夜、隨時備戰，是眾所皆知的辛苦，所以婦產科成為某些醫學生選科的畏途，當今，有不少教學醫院的婦產科大嘆住院醫師招收不易。所以，我經常被社會上的朋友問到的問題：「您為什麼會選擇當婦產科醫師？」我的回答不外乎兩種，道貌岸然的是「因為婦產科是大小適中、內外兼備」，淘氣的有「因為我喜歡女人」，然而這兩項都是我誠實的理由。

婦產科照顧的範圍從女性發育、婦科疾病、孕婦的各種生理改變、到胎兒的生長發育（後述兩項又合稱為母胎醫學 maternal fetal medicine），涵蓋廣泛，但又不出於女性生殖系統之範疇，所以稱之「大小適中」。婦產科的業務上，屬內科系統的有遺傳諮詢、產前檢查、月經異常、更年期障礙等等；屬於外科系統的有各種生產術式、婦科腫瘤、內視鏡手術、等等，所以合乎「內外兼備」。

至於女人為什麼值得被喜歡呢？我欣賞女性的細膩優

雅，仰慕母性無私的愛，尊敬婦女面對生理不適所呈現的強韌度，而這些不就是孕婦表現的各種優點嗎？我很慶幸我的臨床業務上，能服務許多偉大又可愛的孕媽咪。

很欣慰的，我服務的長庚紀念醫院婦產部還是有許多的年輕醫師，不畏懼辛苦、不計較不優厚的「投資報酬率」，還是投入這個專科行業。關於這一點，我永遠記得小女兒醫學院畢業前面臨要選科之時，跟她媽媽的一段對話。

媽媽：「蜜蜜，妳那麼愛漂亮，長得也不錯，是否考慮申請皮膚科或整形外科？以後從事醫學美容也不錯。」

小女兒：「媽媽，我那麼辛辛苦苦讀醫學院，不是只為了要讓人漂亮。」

讓我驕傲的是我的小女兒也選擇當婦產科住院醫師。

王子豪

國家圖書館出版品預行編目資料

孕媽咪關鍵66問 /
王子豪著. 第一版. -- 臺北市：文經社,
2012.04 面；公分. --（家庭文庫：C204）
ISBN 978-957-663-664-6（平裝）

1. 懷孕 2. 分娩 3. 婦女健康 4. 問題集
429.12022 101001688

文經家庭文庫 204

孕媽咪關鍵66問

著 作 人 — 王子豪
發 行 人 — 趙元美
社　　長 — 吳榮斌
企劃編輯 — 黃佳燕
美術設計 — 劉玲珠
出 版 者 — 文經出版社有限公司
登 記 證 — 新聞局局版台業字第2424號
<總社・編輯部>：
社　　址 — 10458 台北市建國北路二段66號11樓之一（文經大樓）
電　　話 —（02）2517-6688（代表號）
傳　　真 —（02）2515-3368
E-mail — cosmax.pub@msa.hinet.net
<業務部>：
地　　址 — 24158 新北市三重區光復路一段61巷27號11樓A（鴻運大樓）
電　　話 —（02）2278-3158・2278-2563
傳　　真 —（02）2278-3168
E-mail — cosmax27@ms76.hinet.net
郵撥帳號 — 05088806文經出版社有限公司
新加坡總代理 — Novum Organum Publishing House Pte Ltd. TEL:65-6462-6141
馬來西亞總代理 — Novum Organum Publishing House（M）Sdn. Bhd. TEL:603-9179-6333
印 刷 所 — 通南彩色印刷有限公司
法律顧問 — 鄭玉燦律師（02）2915-5229
發 行 日 — 2012年 4 月 第一版 第 1 刷

定價／新台幣 220 元 Printed in Taiwan

文經社網址 **http://www.cosmax.com.tw/** 或「博客來網路書店」查詢文經社。
更多新書資訊，請上文經社臉書粉絲團 **http://www.facebook.com/cosmax.co**